4주간의 음식치료

고혈압

4week Food Therapy ①

4주간의 음식치료

고혈압

4week Food Therapy ①

김연수 지음

RHK
알에이치코리아

고혈압에는 음식조절이 가장 중요하다!

고혈압은 유전적인 영향과 환경적인 영향에 의해 발병합니다. 특히 고혈압이나 당뇨병은 유전적인 영향을 크게 받는 대표적인 질환으로, 부모 중 한 사람이라도 고혈압이나 당뇨병을 앓은 병력이 있으면 자녀에게도 이들 질환이 발병할 확률이 높습니다. 또 비만이나 과체중도 고혈압과 밀접한 관계가 있습니다. 체중이 증가하면 혈압도 함께 상승할 가능성이 있기 때문입니다. 고혈압을 부추기는 또 다른 요인으로는 스트레스의 증가, 운동 부족, 염분 섭취량 증가를 들 수 있습니다. 이렇듯 현대인의 라이프스타일은 고혈압에 쉽게 노출될 수 있는 위험 요인을 가득 안고 있습니다.

고혈압은 조기 진단과 꾸준한 치료가 필요한 질환입니다. 그 이유는 높은 혈압을 그대로 방치해두면 이로 인한 갖가지 합병증이 발병하기 때문입니다. 특히 높은 혈압은 관상동맥질환의 중요한 원인이 되어 뇌졸중, 심부전(心不全) 및 신부전(腎不全)을 일으킵니다. 또 고혈압은 흡연, 고지혈증(高脂血症), 당뇨병과 함께 동맥경화를 일으키는 4대 위험 요인 중 하나입니다.

고혈압이 무서운 이유는 합병증 외에도 뚜렷한 증상이 없어 조기 발견이 어렵다는 점입니다. 그래서 '침묵의 살인자'라는 별명이 생긴 것입니다. 고혈압을 앓고 있는 사람의 약 50%만이 본인에게 고혈압이 있음을 알고 있을 뿐이며, 이 중 약 50%의 환자가 약물치료를 받고 있고, 약물을 복용하는 사람의 약 50%만이 혈압이 제대로 조절되고 있다는 사실은 충격적인 일이 아닐 수 없습니다.

고혈압은 대개 40대부터 문제가 됩니다. 40대의 약 25~30%, 50대의 약 30~40%, 60대의 약 50% 이상의 사람들이 고혈압을 앓고 있습니다. 이렇듯 나이가 들면 고혈압 발병률이 증가하지만, '나이가 들면 혈압은 자연히 높아지는 것이겠지' 라고 대수롭게 여기고 제대로 치료를 하지 않는 것이 더 큰 문제입니다. 나이에 상관없이 항상 정상 혈압을 유지하는 것이 고혈압으로 인한 합병증을 사전에 예방할 수 있는 지름길입니다.

한편 최근에는 패스트푸드나 인스턴트 식품섭취 등 불균형적인 식습관이 몸에 밴 젊은 층에서도 고혈압 환자가 증가하는 추세입니다. 때문에 이제 고혈압은 모든 세대를 위협하는 질환이 됐습니다.

고혈압은 다른 질환과 마찬가지로 예방이 중요합니다. 평소에 체중 조절, 적절한 유산소운동, 저염 섭취, 스트레스를 줄이는 나만의 법칙을 만들어 습관화하는 자세가 필요합니다. 또한 어렸을 때부터 건강식에 대한 교육을 통해 올바른 식습관을 형성해야 합니다.

매일 먹는 음식으로 고혈압을 다스리는 음식치료란 '음식 과잉, 영양 부족' 의 시대를 살고 있는 현대인에게 꼭 필요한 보약입니다. 그러나 김치나 젓갈, 라면 등 맵고 짠 음식에 입맛이 길들여진 한국인에게 저염 · 저칼로리 식단의 습관화를 통한 음식치료는 어려운 숙제입니다. 하지만 높은 혈압에 공략당한 몸을 건강하게 회복시킬 수 있는 가장 현명한 방법이야말로 음식치료입니다.

고혈압인들이 꼭 기억해두어야 할 생활 수칙은 물론 식재료 본래의 맛을 살리며 소금 없이도 맛있는 조리법으로 탄생한 수십 가지 음식으로 구성된 이 책을 통해 부디 맛있게, 잘 먹고 고혈압을 이겨내기 바랍니다.

성균관대학교 의과대학,
삼성서울병원 순환기내과 교수

사례 1
하루 종일 집에서 생활하는 40대 주부

"약의 부작용이 없어지고 혈압수치가 떨어졌다"

30대 초반에 둘째 아이를 가지며 고혈압을 앓아왔다는 전업주부 박순애씨(44세). 그녀의 하루는 집안일로 시작되어 집안일로 끝나는 게 보통이었다. 워낙 깔끔한 성격이라 고혈압을 앓고 있음에도 집안일에 손을 놓지 못했다. '집안일이 운동이겠거니' 하며 따로 운동은 하지 않았고, 혼자 먹어야 하는 점심은 정해진 시간 없이 배가 고플 때 간식으로 대충 때우기 일쑤였다. 하지만 온 가족이 모이는 저녁 밥상은 튀김이나 육류를 좋아하는 아이들 식성에 맞게 진수성찬으로 차렸다. 그러다 보니 과식과 폭식이 밤마다 계속됐다.

10년 넘게 고혈압을 앓고 있지만, 혈압 강하제 복용 이외에는 고혈압을 개선하기 위한 다른 치료는 하지 않았었다.

그런데 슬슬 몸에 이상이 오기 시작했다. 올 초부터 약의 부작용으로 구토에 시달렸다. '이렇게 지내다가는 정말 큰일 나겠다' 싶어 굳은 결심을 하고 4주

고혈압을 잡는 처방전	
치료 전	**식습관** : 폭식과 과식이 반복되는 불규칙한 소나기 식사 **운동** : 집안일 외에는 전혀 하지 않음 **생활습관** : 전업주부로 하루 종일 집에서 생활
처방전	**식습관** : 식사 시간을 규칙적으로 지켜야 하며, 폭식과 과식은 절대 금물입니다. **운동** : 집안일은 절대 운동을 대신할 수 없습니다. 가벼운 등산이나 조깅을 하거나 아파트에서 거주한다면 계단 오르내리기라도 하루 30분 이상 규칙적으로 하세요. **생활습관** : 집에 혼자 있기보다는 오전에 집안일을 대충 마무리하고, 마음이 맞는 사람과 대화를 나누거나 취미생활을 즐기며 스트레스를 날려버리는 시간을 만드세요.

음식치료 프로그램에 도전했다. 우선 정해진 시간에 규칙적으로 식사를 하는 것부터 시작했고, 오전에 집안일을 대충 마무리하면 집 근처 공원을 1시간 정도 걸었다. 정해진 시간에 밥을 먹고 가벼운 운동을 한 지 3개월 후부터 박순애씨의 몸에 푸른 불이 켜지기 시작했다. 들쑥날쑥하던 혈압도 수치가 약간 떨어지며 안정됐음은 물론 몸도 약간 가벼워진 듯하다.

사례 2
식사 시간이 불규칙한 50대 자영업자

고혈압 합병증이 확실히 호전되었다

자영업자인 배기명씨(58세)는 본인이 고혈압 환자라는 사실을 안 지 1년 정도 됐다. 마흔 중반에 접어들면서부터 간혹 뒷목이 뻣뻣하고 어지러운 증상이 자주 나타났지만, '일로 인한 스트레스 이겠거니' 하며 대수롭지 않게 넘긴 것이 화근이었다. 아침은 건너뛰기 일쑤였고, 점심은 집 밖의 음식으로 대충 먹고, 게다가 저녁에는 2차, 3차까지 이어지는 술자리가 반복된 생활이었으니 몸이 축나는 것은 당연한 결과였다.

작년 겨울, 거래처와 전화 통화를 하며 언성을 높이다가 갑자기 의식을 잃는 일까지 벌어졌다. 배기명씨는 병원에 실려간 후에야 오래전부터 고혈압을 앓아 왔으며 이를 방치한 결과, 뇌졸중이라는 합병증마저 발병했다는 사실을 알았다. 담당 의사로부터 반드시 규칙적인 식사와 생활을 할 것, 혈압 강하제를 정해진 시간에 복용할 것, 간단한 운동과 혈압 측정을 꾸준히 할 것을 처방받았다.

갑자기 생활습관은 물론 입맛까지 한 번에 바꿔야 했던 배기명씨의 어려움은 이루 말할 수 없었다. 그때 아내가 지인으로부터 4주 음식치료 프로그램을 추천 받아 왔다. 배기명씨가 넘어야 할 첫 번째 산은 화학조미료 투성이의 식당 밥에 길들여진 입맛을 바꾸는 것이었다. 처음에는 제철 재료로 만든 밍밍한 음식에 도통 입맛이 나지 않았지만 아내의 정성을 생각해서 즐겁게 먹으려고 노력했다. 그렇게 아침은 간단하게라도 꼬박꼬박 챙겨 먹었고, 점심은 아내가 싸준 도시락을 챙겨 먹었다. 업무상 자주 갖게 되는 술대접 자리에는 고혈압 환자임을 밝히고 양해를 구해 이전보다 마시는 술의 양도 줄였다. 4주 음식치료 프로그램을 실천한 지 6개월이 지난 요즘에도 배기명씨는 여전히 고혈압과 합병증을 앓고 있지만, 상태는 매우 호전됐다.

고혈압을 잡는 처방전	
치료 전	**식습관 :** 아침 건너뛰기, 점심은 때우기, 저녁은 폭식과 폭주 **운동 :** 운동할 시간은커녕 휴식 시간조차 없음 **생활습관 :** 이른 아침부터 밤늦게까지 일하며, 늘 스트레스를 받음
처방전	**식습관 :** 아침을 꼬박꼬박 챙겨 먹고 혈압 강하제를 정해진 시간에 잊지 말고 복용하세요. 점심은 소금과 고콜레스테롤의 부담이 큰 식당밥보다는 집밥이 좋습니다. 아침과 점심을 규칙적으로 먹으면 저녁에 과식하지 않게 됩니다. 또 업무상 어쩔 수 없는 접대나 회식 자리에서는 본인이 고혈압 환자임을 밝히고 술은 최대한 적게 드세요. **운동 :** 휴식 시간을 확보하는 것이 중요합니다. 주말에 쉬는 것이 가장 좋지만, 그것이 여의치 않다면 일주일 중 단 하루만이라도 느긋하게 쉴 수 있는 시간을 만드세요. 휴일에는 그동안 밀린 잠을 몰아 자기 보다는 가벼운 산책이나 배드민턴 등 가벼운 운동으로 몸에 활력을 찾으세요. **생활습관 :** 혈압은 오전 6시부터 서서히 상승하여 오후 2시까지 높게 유지됩니다. 갑자기 혈압을 치솟게 하는 스트레스를 받지 않도록 노력하며 짬짬이 휴식 시간을 갖으세요. 또 수면 중에는 혈압이 내려가므로 하루에 7~8시간은 숙면을 취해 혈압이 내려가는 시간을 만드세요.

고혈압을 악화시키는 식단을 개선했다

2년 전 퇴직한 송태수씨는 고혈압을 앓고 있다. 합병증까지 전개된 심각한 상태는 아니지만 고혈압으로부터 벗어나려 누구보다 열심이다. 텃밭을 가꾸고 소식을 하며 저녁 식사 전에 가벼운 조깅을 했다. 그러나 이렇게 깐깐하게 고혈압을 관리하는데도 좀처럼 증상이 개선되지 않아 고민이었다. 4주 음식치료 프로그램을 접한 송태수씨는 본인의 식단에 고혈압을 악화시키는 큰 문제가 있었음을 알게 됐다. 젓갈과 자반을 매끼 상에 올린 것이며, '한두 잔은 약이 되겠지'라는 생각으로 즐긴 반주가 고혈압 개선의 걸림돌이 됐음을 뒤늦게 알아차린 것이다. 송태수씨는 4주 음식치료 프로그램대로 식단 구성을 새로 하였다. 4주 음식치료 프로그램을 통해 송태수씨는 고혈압을 개선시키는 것은 균형 잡힌 영양식단을 즐겁게 먹는 일임을 깨달았다.

고혈압을 잡는 처방전	
치료 전	**식습관** : 규칙적인 시간에 소식, 그러나 젓갈과 자반, 반주의 유혹을 뿌리치지 못함 **운동** : 텃밭을 가꾸고 저녁 식사 전 규칙적으로 조깅을 함 **생활습관** : 규칙적인 생활과 수면
처방전	**식습관** : 지나친 소식도 건강에 이로울 것이 없습니다. 지금처럼 규칙적인 시간에 식사를 하고 젓갈과 자반 섭취량을 조금씩 낮춰가세요. 반주도·스트레스를 받지 않는 선에서 최대한 자제해야 합니다. **운동&생활습관** : 프로 농부처럼 텃밭 가꾸기에 매진하면 오히려 몸을 해칠 수도 있습니다. 일손이 바빠지는 봄부터 가을까지 무리하지 않고 일하는 것이 좋으며, 낮은 기온으로 혈압에 부담을 주는 겨울에는 가능한한 실내에서 규칙적인 운동을 하는 게 좋습니다.

Contents

Part 1 왜, 음식치료가 필요한가!

Part 2 고혈압의 진단과 처방

<u>Part 3</u> 고혈압을 잡는 4주 음식치료를 하자!

Part 4 혈압을 낮추는 맛있는 맞춤밥상

4week Food Therapy ① 밥

4week Food Therapy ② 국·탕·찌개

4week Food Therapy ③ 반찬

4week Food Therapy ④ 일품요리

건강을 지키는 가장 현명한 처방전
음식치료

현대인들이 잘 걸리는 질환들은 너무 잘 먹어서 몸 안에 찌꺼기가 많이 축적되어 생기는 병들이다. 흔히 성인병으로 불리는 고혈압이나 당뇨병을 '생활습관병'이라고 고쳐 부르는 것도 잘못된 식습관에서 원인을 찾을 수 있다. 고혈압, 당뇨병, 심장질환을 예로 들면 각각 병의 증상이나 치료는 달라도 병의 원인은 동일하다. 이들 질환은 공통적으로 '혈관병'으로 분류할 수 있다.

나이가 들면서 헐고 탄력이 떨어진 혈관에 콜레스테롤, 당 등의 노폐물이 오랫동안 침착되어 혈관이 좁아지면 혈류의 흐름이 방해받아 온몸에 산소와 영양의 공급이 중단된다. 이로 인해 혈압이 오르면 장기들이 서서히 손상되며 마비 증상과 함께 신경이 둔화되고 말초혈관들이 썩어 들어가는 끔찍한 증상들이 나타난다.

혈관을 더럽히고 찌꺼기를 끼게 하는 주된 원인은 음식물이다. 10년간 잡곡밥과 신선한 채소, 불포화지방산이 풍부한 생선류로 식사를 일관해온 사람과 고기, 튀긴 음식, 화학조미료, 염분 함량이 높은 젓갈, 라면, 케이크, 과자 등을 즐겨먹으며 식사 시간이 불규칙했던 사람의 혈관을 비교해 보면 그 상태는 하늘과 땅 차이다. 10년까지 비교해볼 필요도 없다. 단 1년만 비교해보아도 혈관의 상태를 나타내는 혈압이나 콜레스테롤 수치에 큰 차이가 나타난다.

매일 먹는 음식들의 치료 효과를 무시하며 건강을 돌보지 않다가, 어느 날 갑자기 암이나 뇌졸중, 심장질환 등을 선고받게 되면 환자 본인은 말할 것도 없고 가족까지도 엄청난 고통을 겪어야만 한다. 마음의 고통은 물론 들어가는 치료

비용도 만만치 않아 삶 자체가 하루아침에 피폐해진다. 그래서 건강에도 재테크가 필요하며 '저비용 고효율'의 법칙이 필요하다. 재산을 불려나가는 제1원칙이 저축이듯 건강 역시 제때 잘 저축해야 건강을 보장받을 수 있다. 같은 돈을 예금해도 만기 수령액이 더 많은 절세 상품이 있듯 건강에도 '적은 비용, 작은 노력'으로 큰 이익을 얻을 수 있는 방법이 바로 올바른 음식 섭취에 있다.

매일 매끼마다 음식을 잘 섭취하면 질병을 예방함은 물론 나아가 건강하게 장수할 수 있다. '치료 비용'이라는 불필요한 소비를 막고 행복한 삶을 설계하는 건강 전략은 우리가 매일 대하는 아침, 점심, 저녁 식탁에서 찾아야 하는 것이다.

병을 부르는 음식, 병을 고치는 음식

현대인들이 간과하기 쉬운 것은 '음식으로 다스리지 못할 병은 별로 없다'는 점이다. 이는 바꾸어 말하면 음식으로 몸이 망가지고 병이 드는 사례가 흔히 있다는 얘기이다. 예컨대 고혈압, 당뇨병, 위염, 간질환, 심장질환, 전립선비대증, 골다공증 같은 질환들도 따지고 보면 섭생(攝生)과 깊은 연관이 있다.

건강의 기본은 매일 먹는 음식에서 출발한다. 그리고 좋은 음식의 섭취는 올바른 식습관에서 비롯되는 것이다. 지금껏 끼니때가 되면 으레 습관적으로 한 끼 때우는 식의 무미건조한 식습관에 길들여져 있다면 그런 습관부터 뜯어고쳐야 한다. 우리가 무심히 먹는 음식 하나하나가 따지고 보면 평생 내 건강을 지켜주는 가장 확실한 '보험'이란 사실을 명심하자.

식탁에 오르는 음식 한 가지를 먹더라도 건강을 염두에 두고 나와 가족의 질병 상태를 헤아려 식품을 선택하고 조리하여 먹는 것이 살다가 갑자기 걸릴 수 있는 뜻밖의 질병으로 인해서 '배부른 영양실조'에 걸리지 않게 하는 가장 확실하고도 경제적인 투자 방법인 것이다.

사람에 따라서 약이 되거나, 혹은 독이 되는 음식

개인적으로도 10여 년의 일간지 의학 전문기자 생활을 통해 가장 보람을 느꼈던 부분도 음식처방에 대한 경험이었다. 건강을 지키는 데 있어 음식의 중요성을 깨닫게 해준 것은 다름 아닌 일반 독자들이었다. 신문사에는 늘 독자들의 문의 전화가 걸려오는데, 의학 전문기자인 내게는 여러 가지 질병이나 건강에 대한 궁금증을 묻는 경우가 많았다.

멀리 지방이나 외딴 섬마을에서도 전화걸기를 마다하지 않는 그들이 가장 궁금해하는 것은 바로 '자신들이 앓고 있는 질환에는 무슨 음식이 좋으며, 해로운 음식은 무엇인지' 였다.

한번은 대구에서 50세가 넘은 여성분이 고혈압에 대해 문의를 해왔다. 혈압이 100~150mmHg의 경계를 오가는 이분은 혈압 약에 대해 대단히 부정적인 견해를 갖고 있었다. 수차례의 병원 진단을 통해 새로 소개되는 신개념의 혈압 강하제도 복용해보았다고 한다. 그러나 그때마다 몸이 무겁고 나른하며 불쾌감이 들어 스스로 약을 중단했음에도 고혈압 걱정이 끊이질 않는 여성이었다. 그래서 고혈압에 좋은 음식을 추천해 달라는 것이었다. 처음에는 나 역시 혈압 약을 다시 복용하라고 설득해보았지만 통하질 않아 결국 음식처방으로 제시한 것이 '생감자즙' 이었다. "매일 아침 공복에 싱싱한 감자즙을 복용해보라"고 했는데, 이후 1년 정도 지나 다시 연락이 왔다. '감자즙의 효과를 톡톡히 보았으며, 고혈압을 앓고 있지만 약물 치료를 꺼려하는 주변 사람들에게 생감자즙을 강력하게 권하고 있다' 고 하였다.

감자에는 나트륨을 몸 밖으로 배출시키는 칼륨 성분이 풍부할 뿐 아니라 감자 특유의 찬 성질 때문에 고혈압 환자에게는 효과적인 식품이다. 반면 고혈압과 당뇨를 동시에 갖고 있는 환자들에게는 감자즙을 권하지 않는다. 감자를 빈

속에 섭취할 경우 혈당을 높일 수도 있기 때문에 당뇨가 있는 사람에게는 썩 좋은 처방법이 아니다. 이렇듯 같은 식품이라고 해도 몸의 상태나 질병의 유무에 따라 효과가 달라지기 때문에 음식치료란 개개인의 체질이나 질병을 고려해 맞춤형 음식을 처방하는 것이다.

4주 음식치료 프로그램을 실천하자!

이 책에서 전하는 질환별 '4주 음식치료(4week Food Therapy)'는 10여 년간 의학 전문기자의 경험을 통해 얻어낸 결과이다. 질병이나 건강 상태가 제각기인 사람들에게 각각 적당한 음식과 식단을 일러주고 시간이 지나면서 나타나는 눈에 띄는 효능이나 문제점 등을 대화로 주고 받는 과정을 오랜 경험을 통해 쌓아왔다. 이것을 체계적이고 과학적으로 정리한 것이 바로 '음식 처방전'이다.

여유가 있는 사람들은 자신의 건강을 평생 돌보기 위한 방법으로 이른바 '주치의'를 두고 있다. 건강이나 질병 상태를 주기적으로 체크하면서 식이요법, 운동에 대한 조언을 받을 수 있기 때문이다. 그런데 자신의 건강을 가장 확실하게 돌볼 수 있는 대상은 다름 아닌 자기 자신이어야 한다. 질병이야 병원에서 체크할 일이지만 증상을 조절하고 병을 예방하는 것은 순전히 자신의 노력에 달려 있다.

음식치료는 '내가 주치의가 되어 자신과 가족의 건강을 돌보자'는 것이 기본 취지이다. 그런 의미에서 이 책이 길잡이 노릇을 하여 스스로의 건강을 지켜나가는 데 도움이 되었으면 하는 마음이다.

Part 1

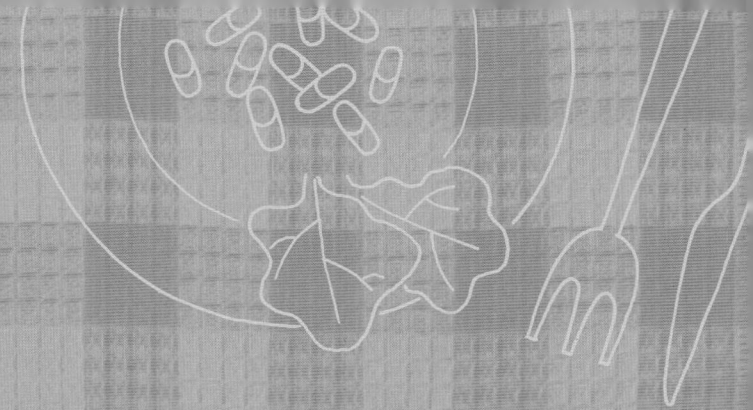

왜,
음식치료가
필요한가!

고혈압을 일으키는 대표적인 위험 요인들 가운데 소금,
고콜레스테롤, 담배, 과음은 모두 음식과 관련된 것들이다.
이 중 소금은 국, 찌개, 반찬 등에 기본적으로
사용되기 때문에 음식을 조절하지 않고는 고혈압을 치료할 수 없다.
이 장에서는 고혈압을 개선하고 예방하는
음식치료의 중요성에 대해 알려준다.

음식으로 병을 치료한다

음식치료의 놀라운 효과를 알고 있는가!

음식을 올바르게 섭취하는 행위는 인간사에서 큰 비중을 차지한다. 오죽하면 '먹는 것이 가장 남는 것'이라는 말도 있겠는가? 그러나 정작 바쁘다는 핑계로 대충대충 넘어가기 쉬운 것도 먹는 일이다. 훌륭한 운동선수는 기본기에 충실하고, 오래된 잘 지은 건축물을 보면 역시 기초공사가 튼튼하다. 건강에서 그 기초는 섭생(攝生)이다. 만 가지 보약 중에 식보(食補)가 제일이라는 말은 그냥 전해지는 말이 아니다.

최근 들어 미국이나 독일, 프랑스, 스위스, 일본 등 선진국의 과학자들이 열을 올려 진행하고 있는 연구 과제 중 하나도 '젊음과 건강, 장수'를 함께 가져다주는 음식들에 관한 연구이다. 과학자들은 '평범한 식품 속에 들어 있는 천연성분으로 질병을 예방할 수 있다'는 사실을 속속 밝혀내면서 불로장수의 비밀을 담고 있는 건강식품에 관심을 쏟고 있다.

〈타임(TIME)〉지는 2005년 특별판에서 건강음식을 대대적으로 보도한 바 있다. 이들이 뽑은 10가지 건강음식은 호두·잣 등의 견과류, 토마토, 시금치, 브로콜리, 귀리, 마늘, 녹차, 레드와인, 연어, 블루베리이다. 이 식품들을 매일 꾸준히 섭취할 경우 고혈압, 당뇨병, 심장질환 등 각종 성인병을 극복할 수 있으며 암 예방에도 효과적인 것으로 밝혀졌다. 이런 연구들을 바탕으로 미국이나 유럽 등 선진국에서는 질병을 치료하는 최상의 방법으로 '밥상'에 포커스를 두고 있다.

〈타임〉이 선정한 10대 건강음식은 아무래도 미국인 식단을 중심으로 선별한 것이기 때문에 한국인들이 흔히 먹을 수 있는 식품으로 대체하자면 브로콜리 대신 양배추, 귀리 대신 보리, 연어 대신 고등어나 꽁치, 블루베리 대신 가지로 섭취하면 된다.

하버드대 공중보건팀이 세계적으로 권위 있는 의학 잡지인 〈랜싯(Lancet)〉에 발표한 자료에 따르면, 암 사망률을 줄일 수 있는 가장 중요한 방법으로 균형 잡힌 영양 섭취를 꼽았다. 여기서 균형 잡힌 영양 섭취란 단순히 탄수화물, 단백질, 지방, 비타민, 무기질 등의 작용만을 말하는 것이 아니라 콜레스테롤의 흡수를 억제하여 혈관을 튼튼하게 하는 효과가 크다고 알려진 파이토케미컬(phyto-chemical) 등 식품 속에 포함된 천연 화학물질들을 모두 포함한다.

기본 영양소 외에 식품마다 함유하고 있는 고유의 천연 화학물질들을 잘 배합해서 섭취하면 심장질환, 당뇨병, 암 같은 질환들을 예방할 수 있다는 얘기이다.

음식치료는 현대병의 대안이다

음식이 질병에 미치는 영향은 중년 이상의 나이에 들어서만 적용되는 것이 아니다. 요즘 많은 아이들을 괴롭히는 아토피성 피부염 같은 알레르기성 질환들도 태아기나 이유기의 그릇된 주요 원인이다. 심지어 자폐증 같은 정신과적

한국인을 위한 10대 건강음식	
잣 · 호두 등의 견과류	마늘
토마토	녹차
시금치	레드와인
양배추	고등어와 꽁치
보리	가지

질환도 따지고 보면 0~3세 때 불균형적인 식생활에서 그 원인을 찾을 수 있다.

가령 비타민 B₂·B₁₂ 등이 부족하면 정서적으로 매우 초조하고 불안해하며 지극히 내성적인 성격이 될 수 있으며, 심하면 자폐증적인 성격을 지닌 아이로 성장하게 된다. 특히 영아나 유아기에 먹는 음식들은 영양을 공급하는 역할에서 한층 더 나아가서 뇌를 운동시키고 여러 가지 감각기능들을 자극하여 인간이 갖춰야 할 생체리듬을 자연스럽게 형성시켜 건강한 몸으로 성장할 수 있도록 도와주는 역할을 한다.

예를 들어 젖니가 나기 시작할 무렵에 우리의 할머니나 어머니들은 엉금엉금 기어 다니는 어린아이들에게 문어 말린 것을 물리곤 하였는데, 이런 이면에는 조상들의 뛰어난 지혜가 숨어 있다. 이 시기에 먹는 딱딱한 음식은 아이들의 두뇌 발달에 큰 영향을 미친다. 우유같이 부드러운 음식만 먹이고, 딱딱한 음식이나 채소를 먹이지 않으면 씹는 힘이 약해져서 혀가 짧아지거나 말을 해야 하는 나이인데도 말이 나오지 않는 현상의 원인이 될 수 있다. 따라서 어린 시절 섭취하는 음식들은 평생 건강을 좌우하는 저장 탱크와도 같은 것이다.

음식치료의 중요성은 누구나 인생의 고비고비 건강이 나빠질 때마다 더욱 절감할 것이다. 20, 30대에 인스턴트식품이나 가공식품을 자주 먹고 고지방·고칼로리의 서구식 식단에 젖어 있던 사람들이 40대에 접어들어 고혈압, 동맥경화증, 당뇨병, 간질환 등 각종 성인병에 걸리게 되면 신체 노화에 가속이 붙을 뿐만 아니라 의욕적으로 할 일들이 많은 시기에 정작 큰일을 놓치게 된다. 그 여파는 나이가 들수록 더욱 심각해져 50대 이후에는 암이나 심장질환, 신부전증, 뇌졸중 같은 치명적인 질환에 걸려 단명할 확률이 매우 높아진다.

음식 섭취의 중요성을 각인시킬 만한 구체적인 사례가 있다. 세계적인 장수촌에서 평균 수명 60세의 마을로 전락해버린 파키스탄의 훈자 지방이다. 한때 훈자 지방은 90세 이상의 주민이 인구의 3%를 차지했으며, 80세 이상이 15% 정도 나 돼 세계적인 장수촌으로 이름을 날렸다. 그러나 1970년대 산간 오지마을에 도로가 뚫리면서 서구화된 도시 문명이 급속히 침투하였다. 자본주의의 유입으로 소박하게 살던 사람들에게 경쟁 심리, 빈부 격차 심화 등 자본주의 병폐가 그대로 전해졌고, 음식 역시 기름기 없고 담백한 자연식에서 기름진 음식과 가공식품 등이 밥상을 점점 점령해갔다. 그 결과 세계 3대 장수촌으로 손꼽혔던 훈자 마을은 평균 수명 60세의 평범한 마을로 전락해버렸다. 그렇다고 하여 음식치료는 어려운 치료법이 아니다. 자신에게 독이 되는 음식을 피하고 엽록소, 효소, 배아 등이 온전히 살아 있는 음식을 가려 먹으면 되는 것이다.

균형 잡힌 음식 섭취로 면역력을 높여야 한다

음식을 영양분에 따라 균형 있게 잘 섭취하면 그 어떤 약보다도 면역력 강화에 도움이 된다. 그러나 편식을 하게 되면 체내 부신피질호르몬이 결핍되어 우리 몸이 스트레스에 매우 약해진다. 그렇게 되면 몸의 전반적인 면역력이 떨어지고 이는 감기를 비롯하여 암 같은 질환에도 쉽게 노출되는 원인이 된다. 그리고 부신피질호르몬이 부족하면 갑상선호르몬의 분비에 이상을 일으켜 갑상선항진증이나 갑상선결핍증 같은 질환들에 쉽게 공략당하게 된다.

불균형적인 식습관으로 10년, 20년 이상을 지내고도 몸이 계속 건강할 수 있기를 바란다는 것은 잘못된 생각이다. 흔히 걸리는 고혈압이나 당뇨병 역시 오랜 세월 잘못된 식습관에서 비롯된 병들이다. 짠 음식을 무분별하게 오랫동안 계속 먹게 되면 몸 안의 혈관들이 염분에 부식되어 결국 혈압이 높아지게 되며, 허기진 상태에서 과식하는 습관을 반복하다 보면 체내 혈당 시스템이 망가져서 당뇨병이 생기는 것이다.

결국 몸 스스로 병균을 물리칠 수 있는 힘인 면역력을 강화시키려면 매일매일 균형 잡힌 음식을 섭취하는 일이 중요하다.

현대의학의 아버지로 불리는 히포크라테스(hippocrates)도 "음식으로 고치지 못하는 병은 의사도 고치지 못한다"고 말하였다. 즉 병에 걸리고 난 후 의사나 약을 찾기 이전에 평상시 올바른 음식 섭취를 습관화하는 생활을 통해서 얼마든지 병을 예방하고 건강하게 생활할 수 있다는 뜻이다.

과학을 바탕으로 발전한 현대의학은 점점 심각해지는 스트레스, 환경오염, 잘못된 식생활 등으로 말미암아 발생하는 병들을 예방하고 고치는 데는 취약함을 여지없이 드러내고 있다. 그동안 현대의학이 강하다고 자부해온 세균성 감염까지도 최근 들어 조류독감, 사스 등의 질환들로 인해 무너져가는 형국이다. 때문에 항생제, 스테로이드제 등 현대의학에서 흔히 쓰는 약들의 부작용이 알려지면서 그 대안으로 인체의 '자연 치유력 강화'를 강조하는 자연 의학적인 치료가 주목을 받고 있다. 다시 말해 인체 전반적인 면역 체계를 강화시켜서 스스로 병을 물리치고 극복하자는 취지의 자연 의학적 치료에는 단연 건강한 식습관과 음식물의 영양을 이용해 병을 치료하고 예방하는 음식치료가 근간을 이루고 있다.

면역력은 외부로부터 세균이나 바이러스가 몸 안으로 침투하지 못하게 하며, 균들이 몸 안에 들어오더라도 자체 소멸시키는 방어 시스템을 말하는데, 면역력이 강한 사람은 성인병을 비롯하여 사스, 조류독감, 암 같은 질환에 덜 노출된다. 체내 방어 시스템이 든든하게 갖춰져 있으면 설령 병에 걸렸어도 치료가 잘 되고 회복도 빠르다.

시중에 면역력을 강화시켜준다는 건강 보조제나 호르몬제 같은 약들도 나와 있지만 이런 것들은 효과만큼이나 부작용이 적지 않기 때문에 권장할 만한 것이 못된다. 면역력을 증강시켜 스스로 질병에 대한 치유력을 높이는 가장 확실하고 안전한 방법은 역시 '제대로 된 음식 섭취'에 있다. 우리가 매일 먹는 음식들이야말로 모든 질병을 치료하고 건강을 지켜주는 바탕이 되는 것이다.

자연 치유력을 강화시키는
음식치료란 무엇인가?

자연 치유력을 강화시키는 식품에 주목해야 한다

건강을 위해 먹을거리를 고를 때 사람들은 식품의 가치를 어디에 가장 많이 둘까? 대부분은 탄수화물, 단백질, 지방, 무기질, 비타민 등으로 분류되는 5대 영양소를 얼마나 함유하고 있는지를 먼저 따지게 된다. 실제로 미국 농무부(USDA)는 5대 영양소에 기초하여 미국인을 위한 식품 가이드 라인을 5년마다 제시하고 있다. 가령 '빵과 시리얼 등 탄수화물은 매일 6~11회 섭취하며, 채소는 3~5회, 우유와 유제품은 2~3회, 지방 섭취량은 전체 열량의 20% 미만으로 줄여라' 등으로 식품의 양이나 횟수까지 구체적으로 정하고 있다.

그러나 최근 들어 전문가들 사이에서 '이런 구체적인 식품 가이드 라인조차도 부적절하고 불완전한 정보가 많을 뿐만 아니라 일부 내용은 오히려 건강을 해칠 수 있다' 고 주장하고 있어 눈길을 끈다. 즉 미국인들은 감자를 '완전식품'으로 표현하곤 하는데 구운 감자는 같은 열량을 내는 설탕보다 혈당과 인슐린 수치를 상승시키는 작용을 하기 때문에 당뇨병이나 비만 환자에게는 좋지 않다는 것이다.

또 무조건 지방의 섭취를 줄일 것이 아니라, '올리브 오일, 해바라기 오일 등 불포화 지방산이 풍부한 지방식품을 적절히 섭취해야 심장질환이나 치매, 관절염 예방 등에 도움이 된다' 며 질 좋은 지방식품의 섭취를 권장하고 있다. 이는 식품에는 영양소, 천연 화학물질 등을 포함하여 고유한 '기운'이 들어 있기 때문에 그러한 식품의 특성을 고려하여 체질에 따라 음식을 처방함으로써 질병을 예방하고 건강을 지켜나가는 음식치료의 개념과 일맥상통한다.

체질과 질병에 따라 달리 처방하는 맞춤 음식치료

모든 식품은 각각 고유의 맛과 색깔을 지니고 있는데 이는 체질이나 질병마다 음식을 달리 처방하게 되는 음식치료의 이론적 바탕을 이룬다.

우리 몸의 장기들은 각각 좋아하고 싫어하는 음식의 종류가 분명히 있다. 심장이 선천적으로 약한 사람들은 소심한 성격이며, 간이 약한 사람들은 성을 잘 내고 급한 성격이고, 위가 약하면 부지런하지 못한 성향이 있는데, 이런 증상들도 모두 음식으로 다스릴 수 있다는 이야기이다. 평소 초조하고 신경질적인 증상을 음식으로 다스릴 때에는 흔히 대추와 상추 등을 차로 마시거나 즙을 내어 먹으라고 처방한다. 이들 식품은 심신의 불안을 안정시키며 몸 안의 독소를 밖으로 배출시키는 작용을 하기 때문이다.

그런가 하면 음식에는 기본적으로 차고, 뜨거운 기운과 함께 시고, 달고, 짜고, 쓰고, 매운 맛과 푸르고, 노랗고, 붉고, 검고, 흰 색깔이 있는데 이런 특성들이 각각 음식의 성질을 형성하며 이러한 성질을 바탕으로 해서 체질과 병증에 따라 활용하는 것 역시 음식치료의 기본 개념이 된다.

가령 녹두 · 익모초 · 수박 등 차가운 성질의 음식은 일사병 등의 질환을 치료하는 약으로 활용되며, 마늘 · 고추 · 생강 등 뜨거운 성질의 음식은 감기 몸살이나 냉증과 같은 질환에 적용된다. 몸에 열이 많은 체질이어서 뜨거운 성질의 육류섭취가 맞지 않는 사람이라도 차가운 성질을 지닌 족발, 보쌈 등 돼지고기 요리만은 권장된다. 따라서 음식이 약이 되려면 이런 속성들을 조화롭게 활용해서 먹어야 하므로 기본적으로 전략이 필요하다.

음식치료를 성공적으로
수행하기 위한 6대 특명

6개월~1년 이상은 처방 식단대로 꾸준하게 먹어라!

우리 몸에는 자연주기와 같은 생체주기(生體週期)가 있다. 대표적인 생체주기는 낮밤으로 구분되는 하루 주기이다. 이에 따라 낮에는 생활에 필요한 에너지와 활력을 공급하기 위한 교감신경이 강해지고, 밤에는 낮 동안 쌓인 피로물질을 제거하고 이상이 생긴 신체조직을 재생하며 다음 날 필요한 에너지를 보충하도록 부교감신경의 활동이 활발해진다. 흔히 아침에 심장발작이 잘 일어나고, 피부 재생은 저녁에 잘 되며, 밤사이 위산 분비가 증가하고, 새벽에 천식이 악화되는 현상도 이러한 생체주기의 영향이다.

생체주기에 가장 큰 영향을 주는 것은 자연현상이다. 인체주기가 자연의 흐름과 조화를 이루며 자연스러운 생체리듬을 유지하려면 적어도 6개월에서 1년의 적응 기간이 필요하다. 그렇지 않으면 스트레스가 심해지고 교감신경이 자극을 받게 된다. 교감신경에서 분비되는 호르몬은 혈압을 상승시키고 긴장감을 일으켜 고혈압, 심장질환 등을 증가시키는 주요 원인으로 작용한다. 따라서 약을 찾기 이전에 스스로 생활습관에 문제가 있음을 자각하고 먼저 식습관부터 바꾸는 것이 중요하다.

음식으로 증상을 개선하려면 적어도 6개월에서 1년 이상은 꾸준하게 먹어야 효과를 볼 수 있다. 그런데 우리 주변에서는 몸에 좋다는 음식을 1~2주를 주기로 바꿔가며 새로운 식품 위주로 섭취하는 사람들을 흔히 볼 수 있다. 웰빙 붐을 타고 TV에서 맛이나 외식 위주로 소개하는 음식에 유혹되어 '마구잡이 음식 사냥'을 하는 경우이다. 이런 사람들은 한마디로 음식의 진정한 효과는 얻기 어렵다.

일단 몸에 익숙한 식습관을 근본적으로 뜯어고치는 데에는 인내가 필요하다. 예를 들어 담배라는 기호식품을 즐겨 피운 결과, 폐가 망가져서 금연을 해도 폐세포들이 회복되기까지는 그동안 담배를 피웠던 2배가량의 시간이 지나야만 정상으로 돌아올 수 있다고 한다.

음식도 마찬가지이다. 몸에 이롭지 못한 식습관을 개선하는 데에는 상당한 인내가 필요할 뿐만 아니라 몸에 좋은 음식이 내 몸과 사귀어서 좋은 기운을 곳곳에 뿌리내리려면 일정한 시간이 흘러야만 된다.

그런데 내 몸이 특정 식품과 채 사귀기도 전에 자꾸 다른 식품으로 바꿔가는 제자리걸음을 반복하다 보면 오히려 식품들 간의 이질감으로 좋은 작용보다는 나쁜 영향을 받을 수 있다. 따라서 어떤 음식이 몸에 좋은가를 쫓기 이전에 내 몸에 좋은 식품을 한두 가지 정해놓고 꾸준하게 먹으면서 몸의 상태에 귀 기울이는 자세가 선행되어야 한다.

제철재료의 시기를 기억하고, 좋은 식재료를 보는 눈을 길러라!

구하기 힘들고 값비싼 식품으로 몸을 보하려는 사람이 있다면 지금 당장 그러한 생각을 바꿔야 한다. 좋은 음식이란 계절마다 변하는 자연의 기운을 몸 안에 불어 넣어주는 제철식품으로 만든 음식이다. 음식치료의 효과를 얻기 위해서는 꾸준히 먹어야 하는데 그러려면 구하기 쉬운 제철재료이어야 한다.

그러나 요즘 시장에서 싸게 판매하는 식재료는 수입산이 대부분이라서 구입 시 식품의 원산지와 성분표를 꼼꼼히 확인하는 자세가 필요하다.

인스턴트식품과 냉동식품을 피하라!

식품에는 고유의 색상과 기운이 있는데 싱싱할 때 먹어야 그 기운을 고스란히 흡수할 수 있다. 좋은 기운이란 식품에 들어 있는 영양소를 포함하며, 이 기운은 자연적인 상태일 때 영양적으로 최고의 균형을 이루게 된다. 그러나 냉동식품은 그 모양은 유지하고 있지만 약이 되는 식품의 참 기운은 죽어 있는 상태나 다름없다. 또 인스턴트식품은 열량은 아주 높은 반면 비타민이나 무기질 같은 영양소 함량은 낮다. 게다가 저장성을 높이기 위해 나트륨을 많이 사용했으며, 설탕이나 지방도 많이 들어 있으므로 건강을 생각한다면 멀리하는 게 상책이다.

당장 부엌에서 화학조미료를 없애고 천연조미료에 투자하라!

화학조미료가 든 음식을 늘 먹는 사람에게 화학조미료를 빼고 조리한 음식을 주면 맛이 없다고 불평한다. 미각을 자극하는 화학조미료는 섭취하면 할수록 혀가 점점 둔감해져 맛을 구분할 수 없게 된다.

화학조미료가 몸 안에 들어가면 주성분인 글루타민산(glutamate)이 대사되는 과정에서 많은 양의 비타민 B_6를 필요로 하게 된다. 비타민 B_6는 단백질 합성, 항체, 호르몬, 신경전달물질 같은 생리작용에 절대적으로 필요한 비타민으로 결핍되면 면역력 저하, 저혈당, 우울증, 과잉행동증 등 갖가지 문제를 초래하게 된다.

따라서 음식치료를 성공적으로 수행하려면 음식에 맛을 낼 때 화학조미료 대신 천연조미료를 사용하는 습관부터 들여야 한다. 후추, 고추, 마늘, 생강, 파 외에도 버섯, 다시마, 멸치, 들깨, 참깨 등을 떨어지지 않게 늘 준비하여 조리 시 간과 맛을 내는 기본 조미료로 충분히 활용하도록 한다. 이들 식품이야말로 각각 보약기능을 발휘하는 진액이기 때문이다. 그리고 식재료는 다소 비싸더라도 믿을 수 있는 국내산으로 구입하도록 한다.

세끼를 꼬박꼬박 챙겨 먹어라!

　치료의 반은 마음이며 이는 곧 정성이다. 음식으로 나와 가족의 건강을 지키고 싶으면 무엇보다도 식사 시간을 칼같이 지켜야 한다. 아무리 바쁜 일이 있어도 하던 일을 멈추고 제때 숟가락을 드는 습관이 필요하다. 평상시 아침, 점심, 저녁을 제때 찾아 먹는 사람들이 일도 잘하고 성공한다. 고생 끝에 성공하여 살 만하면 병을 얻어 고생하거나, 단명하는 사람들을 보면 젊어서 열심히 일하느라고 끼니를 놓치며 소나기식 식사를 하던 사람들이 많다. 반면 보약 한 제 먹은 적 없는 사람이 평생 강단 있고 건강하게 지내는 모습을 보면 세끼 밥을 꼬박꼬박 찾아 먹는 생활습관이 몸에 배어 있었다.

　흔히 사회에서는 약속을 잘 지키는 사람이 신용을 얻어 성공한다. 인체도 마찬가지이다. 기본적으로 호르몬, 혈당, 혈압 등 생체리듬이 제 역할을 충실히 해 주면 큰 무리 없이 건강하게 지낼 수 있다. 노화에 따라 병이 올 수도 있지만 어디까지나 생체리듬의 흐름이 약해질 뿐이지 자체 회복이 불가능할 정도로 망가지는 수준은 아니다. 우리 몸이 가장 중요시 하는 것은 자신의 몸을 성실히 돌본다는 주인과의 신뢰감이다. 그 기본이 되는 약속이 세끼 식사이다. 아무리 타고난 장사라도 자신의 건강을 하찮게 여긴다면 그에게 건강은 결코 길게 보장되지 않는다.

밥은 언제나 기분좋게 먹어라!

　'밥 먹을 때에는 개도 건드리지 않는다' 는 말이 있다. 기분 좋게 밥을 먹어야 소화도 잘 되고 탈이 없음을 인간도 아닌 개를 통해 비유할 만큼 식사 때의 분위기를 강조한 말이다. 아무리 좋은 음식도 불쾌하거나 긴장된 상태에서 먹으면 소화효소들이 정상적으로 분비되지 않아 독으로 작용할 수 있다. 식사는 반드시 즐거운 사람과 즐거운 이야기를 나누며 먹을 수 있도록 스스로에게 배려해야 한다.

신선한 12개월 제철식품으로
건강을 지키자!

신체리듬이 깨지며 면역력이 떨어지는 봄

봄에는 모든 식물들이 파릇파릇하게 돋아나듯 몸의 기운도 한껏 기지개를 펴면서 밖으로 뿜어나오게 된다. 더 많은 에너지가 필요함은 물론이고, 신체리듬이 깨지고 면역력이 떨어지면서 멀쩡하였던 사람도 갑자기 질병을 얻어 앓아눕게 되는 때이다. 한국인의 사망 원인으로 가장 많이 꼽히는 질환인 뇌졸중도 사실상 겨울보다 이 시기에 더 많이 발생하며 돌연사 같은 질환도 겨울에서 봄으로 바뀌는 길목에서 흔히 일어난다.

봄철 보약 노릇을 톡톡히 하는 식품은 영양소가 풍부한 봄나물이다. 봄나물에는 비타민, 칼슘, 철분 등 무기질 성분이 풍부하여 나른해지기 쉬운 몸에 활력을 준다. 그리고 엽록소 활동이 활발한 봄나물에는 베타카로틴이 풍부하여 면역력 증강에 큰 도움이 되며 양질의 섬유소도 풍부하다. 특히 대부분 알칼리 식품인 쑥, 풋마늘, 냉이 등은 해독 작용은 물론 육류 등으로 산성화된 몸을 정화시켜주는 작용을 한다. 요즘은 한겨울에도 봄나물을 구할 수 있지만 하우스에서 재배된 나물과 달리 봄철에 땅에서 캐는 나물들에는 천연 화학물질인 파이토케미컬과 몸 안의 활성산소를 제거해주는 항산화효소(superoxide dismutase, SOD) 성분이 풍부하다.

삼복더위를 온몸으로 이겨내야 하는 여름

여름은 일단 사람을 지치고 무력하게 만드는 계절이다. 오죽하면 '장맛비와 불볕더위가 번갈아가면서 지치게 하는 데에는 천하장사도 당할 길이 없다'고 하겠는가.

여름철 피로의 원인은 높은 기온 탓도 있지만 부실한 영양 섭취에 있다. 특히 단백질과 수분 부족이 가장 큰 문제이다. 단백질과 수분이 부족하면 피로가 가중되고 빈혈, 속쓰림, 소화불량, 집중력 장애 등 각종 증상에 시달리게 된다. 따라서 단백질이 풍부한 삼계탕 등의 보양식을 챙겨 먹어야 한다.

여름철 밥상에는 뭐니 뭐니 해도 온갖 과일들이 주빈이다. 수박, 참외, 자두, 토마토, 복숭아 등 싱싱한 과일은 여름철에 땀으로 손실된 수분과 비타민 공급에 좋은 식품이다. 요즘에는 하우스 재배로 겨울철에도 과일을 먹을 수 있지만 여름 과일의 풍부한 수분과 비타민 함량은 따라올 수 없다. 따라서 여름철 보약으로 과일만큼 훌륭한 식품도 많지 않다. 여름 한철만이라도 과일들을 충분하게 섭취해야 하는데, 디저트로만 먹지 말고 샐러드 등 반찬으로 활용하여 밥상에 매일 올려보자.

여름철에는 각종 채소류도 제철식품으로 한몫한다. 열무, 오이, 애호박, 깻잎, 풋고추, 가지 등은 모두 열을 내리게 하는 식품으로 무더위를 극복하는 데 큰 도움이 된다.

최근 여름철 건강을 지키는 식품으로 주목을 받는 것이 식초이다. 식초의 유기산 성분은 신진대사를 도와 체중관리에 도움을 주며 혈중 콜레스테롤을 낮춘다. 다른 식품과 함께 섭취하면 살균과 해독작용을 하여 식중독 예방에도 이로운 식품이다. 하지만 감기 초기에는 섭취를 피하는 것이 좋은데, 한기 발산을 방해하기 때문이다. 또 위산의 분비를 촉진하므로 위궤양 등 위장 장애를 앓고있는 사람은 과다 섭취를 피해야 한다.

원기 보충과 다이어트에 힘써야 하는 가을

건강에도 정도(正道)가 필요할 때이다. 여름내 축난 기력을 보충하는 데 모자람이 없어야 하겠으나 또 한편으로는 천고마비의 계절을 맞아 체중관리에도 신경을 써야 한다. 각종 햇곡식과 햇과일이 풍성하여 살이 찌기 쉬운 시기인데, 무더위에 지쳐있던 심신이 회복되면서 몸이 생기를 얻고, 소화액의 분비가 촉진되어 식욕이 당기는 것이다. 갑작스러운 체중 증가는 각종 성인병의 주요 원인이 되기 때문이다.

가을은 햇곡식과 햇과일이 전성기를 누리는 시기이다. 특히 콩, 고구마, 쌀 등 햇곡식은 영양 성분도 가장 풍부하고 맛도 좋을 때이다. 밤, 잣, 은행 등의 견과류는 두뇌 활동에 좋은 식품들이며, 가을철 더덕은 사삼(가짜 삼)으로 불릴 정도로 산삼 못지않은 효능을 지닌 명약이다. 이들 식품을 적절히 상에 올려 밥상을 풍요롭게 한다.

가을은 해산물이 싱싱하고 제 맛이 나므로 한창인 햇과일, 해산물 등을 이용하여 백김치나 보쌈김치 등 별미김치를 담가 먹어도 좋다.

그런가 하면 가을은 온갖 버섯들이 향연을 이루는 계절이다. 버섯은 지금까지 과학적으로 가장 확실하게 검증된 항암식품으로, 건강을 위해 매일 밥상에 올리는 것이 좋다. 또한 영양이 풍부하고 값도 저렴한 제철에 많이 사다가 말려 일 년 내내 차를 끓여 마시면 건강에 도움이 된다.

가을에는 모과, 유자, 대추 등 술이나 차로 담글 만한 과일들이 많다. 이 시기에만 잠시 선보이는 모과는 흔히 세 번이나 놀란다는 과일이다. 너무 못생겨 놀라고, 향이 좋아 놀라고, 맛이 없어 놀라고. 목에 좋은 모과를 가을철에 구입하여 술이나 차로 만들어놓았다가 황사나 알레르기가 심한 봄철에 조금씩 꺼내 먹는 별미도 괜찮다.

면역력이 떨어져 성인병에 시달리기 쉬운 겨울

뚝 떨어진 기온 탓에 운동량은 크게 감소하고 체중은 증가하는 반면 면역력은 떨어져 성인병에 시달리기 쉽다. 특히 겨울철에는 혈관의 수축력이 떨어져 중풍 등 각종 혈관질환의 발생률이 높아진다. 따라서 고혈압, 고지혈증 등의 증상이 있는 사람들은 음식 섭취에 더욱 신경을 쓰면서 전반적인 건강관리에 각별한 주의를 기울여야 한다. 또한 송년 모임 등 각종 술 모임이 잦을 때이므로 과음과 폭음을 피하고 간 건강에도 신경을 써야 한다.

이 시기 대표적인 저장식품인 호박이나 고구마는 섬유소도 풍부하고 체내 염분을 제거하는 성분들이 풍부하여 중풍 예방에 좋은 식품이다. 또 겨울에는 차가운 날씨로 인해 혈관들이 수축되기 때문에 위장이나 장의 출혈도 조심해야 하는데, 11 · 12월에 많이 나는 연근은 지혈에 탁월한 효과를 발휘하는 식품이다.

독감이나 감기를 예방하기 위해 비타민 C가 풍부한 무나 배추 등을 매일 섭취하는 것이 좋다. 특히 겨울무는 일 년 중 수분과 영양소가 가장 풍부하다.

추위로 활동량이 줄어 소화력이 떨어졌을 때, 천연소화제라 불리는 무를 먹으면 소화가 잘 된다.

이밖에 몸을 따뜻하게 하여 감기를 예방하는 식품으로는 고추, 양파, 마늘, 생강, 갓김치 등이 있다. 따뜻한 차를 마시는 것도 좋은 방법으로 비타민 C가 풍부해 혈관을 강화시키고 체내 지방을 분해하는 감잎차가 제격이다.

겨울에는 모든 해산물이 제철이라고 할 수 있을 정도로 맛이 좋은 시기다. 매생이, 미역, 톳, 다시마, 김 등 일 년 중 가장 싱싱한 해조류를 풍성하게 섭취한다. 몸에 좋은 해산물로 알려지며 비싸게 팔리는 해삼, 굴, 패주도 한창 살이 오르는 시기이다.

밤이 유난히 긴 겨울에는 특히 밤참을 절제하는 것이 건강을 지키는 비결이다. 실내에서 생활하는 시간이 많고 밤이 길기 때문에 잠자는 시간은 늘어 활동량이 작아진다. 그렇기 때문에 간식의 유혹을 뿌리치기 어렵다. 체중관리에 부담이 적은 찐고구마나 감자 등을 먹고, 군것질 양이 늘지 않도록 정해진 시간에 식사를 해야 한다.

채소 갈무리 이렇게 하세요!

4월 취, 고사리, 산나물, 가죽나물, 고비

5월 고사리, 더덕, 도라지

7월 감자, 깻잎

8월 애호박, 도라지, 더덕, 풋고추

9월 가지, 무, 고구마, 고구마순, 박고지, 고춧잎, 호박

10월 토란대, 버섯

11월 무청, 곶감

햇볕에 채소를 말리면 자외선을 통해 만들어지는 비타민 D가 크게 증가한다. 비타민 D는 체내에서 칼슘 흡수를 돕는 역할을 해 뼈 생성에 필수적인 영양소이다. 또 각종 비타민과 미네랄 같은 영양소가 응축되어 생으로 먹는 것보다 말린 채소를 먹을 때 다량의 영양소들을 한꺼번에 섭취할 수 있다. 특히 말린 채소에는 양질의 섬유질이 풍부하여 변비 예방에도 효과적이다. 채소를 말릴 때에는 볕이 좋은 날 하루 정도 바짝 말린 후 비닐팩에 종류별로 담아 냉동실에서 보관하고 조금씩 꺼내 물에 불렸다가 사용하면 된다.

한눈에 쏙 들어오는 제철식품 캘린더

제철 해산물

1월	2월	3월	4월	5월	6월	7월	8월	9월	10월	11월	12월

굴, 생태

해파리

굴, 생태

오징어, 잔새우, 미더덕, 전복, 멍게, 참치, 홍어

파래

파래

김, 미역

장어

김, 미역

도미, 주꾸미

해삼, 홍합, 동태, 코다리, 양미리, 낙지, 대구, 패주

조기, 꽃게, 멸치

갑오징어

대구

대하, 전어

동태

대합, 톳, 꼬막, 피조개

민어, 농어

고등어, 연어, 꽃게

삼치, 전갱이, 우럭

가오리, 대게, 홍게

청어, 병어, 삼치, 청각, 다시마, 모시조개, 전복

연어, 방어, 참치, 옥돔

성게

넙치, 병어, 참복

문어

청어, 꽁치, 갈치

제철 채소와 과일

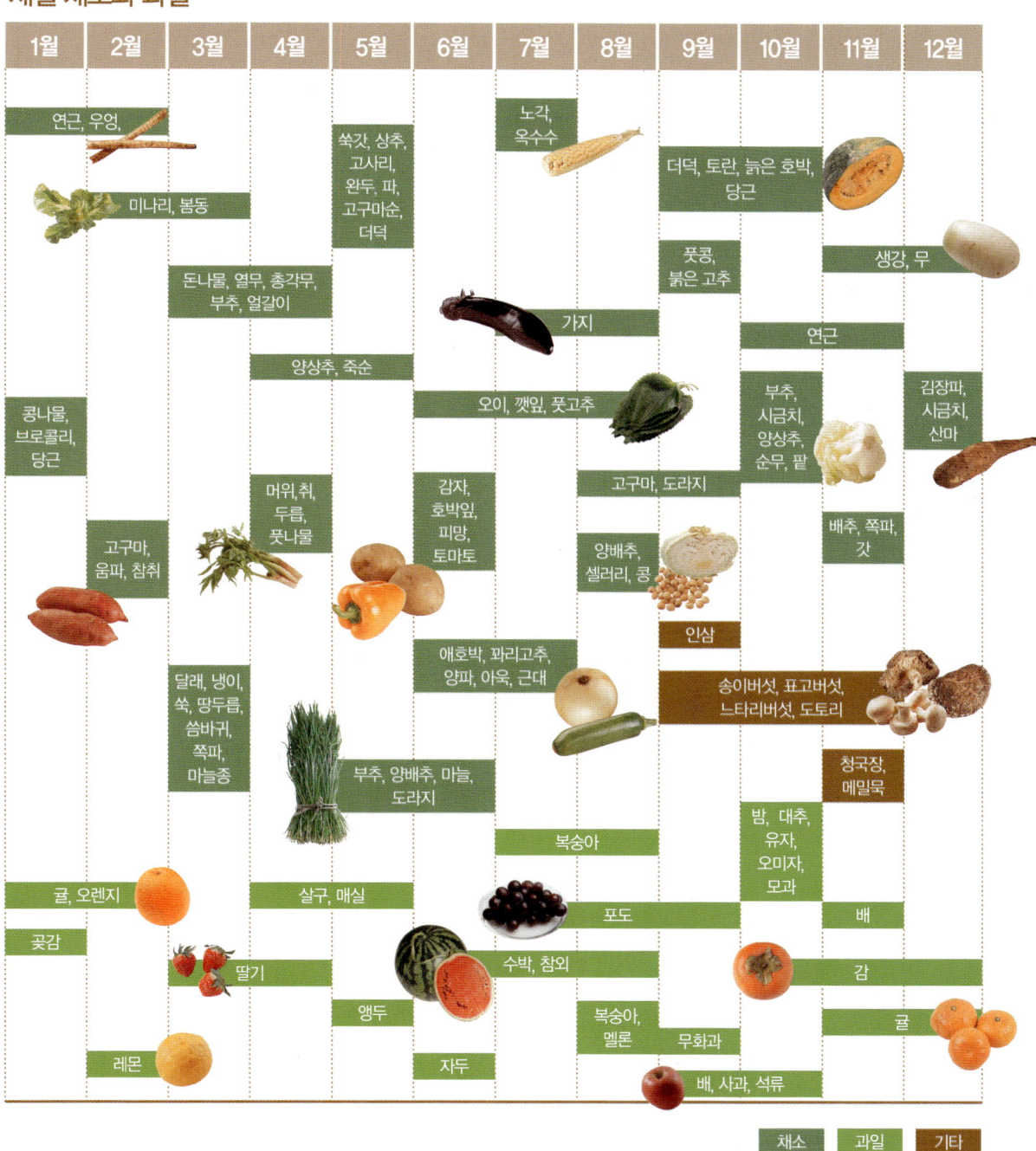

1월	2월	3월	4월	5월	6월	7월	8월	9월	10월	11월	12월

연근, 우엉

노각, 옥수수

쑥갓, 상추, 고사리, 완두, 파, 고구마순, 더덕

더덕, 토란, 늙은 호박, 당근

미나리, 봄동

풋콩, 붉은 고추

생강, 무

돈나물, 열무, 총각무, 부추, 얼갈이

가지

연근

양상추, 죽순

오이, 깻잎, 풋고추

부추, 시금치, 양상추, 순무, 팥

김장파, 시금치, 산마

콩나물, 브로콜리, 당근

고구마, 도라지

배추, 쪽파, 갓

머위, 취, 두릅, 풋나물

감자, 호박잎, 피망, 토마토

고구마, 움파, 참취

양배추, 셀러리, 콩

인삼

달래, 냉이, 쑥, 땅두릅, 씀바귀, 쪽파, 마늘종

애호박, 꽈리고추, 양파, 아욱, 근대

송이버섯, 표고버섯, 느타리버섯, 도토리

청국장, 메밀묵

부추, 양배추, 마늘, 도라지

밤, 대추, 유자, 오미자, 모과

복숭아

귤, 오렌지

살구, 매실

포도

배

곶감

감

딸기

수박, 참외

앵두

복숭아, 멜론

무화과

귤

레몬

자두

배, 사과, 석류

채소	과일	기타

4week Food Therapy

Part 2

고혈압의
진단과 처방

고혈압은 특별한 증상이 나타나지 않은 채 진행되어
각종 합병증을 유발하는 무서운 질환이다. 고혈압 환자 중 고작
10~20%만이 특별한 원인에 의해 고혈압이 생긴 경우일 뿐,
나머지 환자는 어떤 원인으로 발병했는지 정확히 알 수 없는
본태성 고혈압을 앓고 있다. 이 장에서는 고혈압이란 무엇이며
그 증상은 어떠한지 알아보고 혈압 내리는
생활법을 구체적으로 소개한다.

혹시, 나도 고혈압 환자?

특별한 자각증상이 없어서 더욱 위험한 고혈압. 혹시 나도 모르는 사이 고혈압을 앓고 있는 것은 아닌지, 고혈압 셀프 체크 리스트로 알아보자. 아래 20개의 항목 중 자신과 일치하는 항목을 체크한 뒤, 그 개수를 세어본다. 옆쪽 맨아래에 나와있는 '진단 결과 및 분석'을 보고 자신의 상태를 확인해 본다.

1 싱거운 음식에는 손이 안 가요 ☐	2 부모, 조부모 중에 고혈압 환자가 있어요 ☐	3 담배를 피워요 ☐	4 술을 많이 마시는 편이에요(소주를 기준으로 일주일에 10잔 이상) ☐
5 운동은 일주일에 2~3회도 안 해요 (1회 운동량 30분 이상) ☐	6 체중이 정상치를 넘어요 ☐	7 똥배가 많이 나왔어요(남자 허리 둘레 90cm, 여자 80cm 이상) ☐	8 스트레스에 민감해요 ☐

9	10	11	12
삼겹살이나 햄버거, 피자를 일주일에 2~3회 이상 먹어요	국이나 찌개를 먹을 때 국물 위주로 먹어요	외식을 즐겨요 (집에서 먹는 횟수가 일주일에 3회 미만)	채소나 과일을 하루 2회 이하로 먹어요
☐	☐	☐	☐

13	14	15	16
성격이 급한 편이에요	빵이나 과자 등 간식류를 즐겨 먹어요	과식이나 폭식을 자주 해요	아침에 특히 뒷머리가 땅기는 증상이 있어요
☐	☐	☐	☐

17	18	19	20
귀가 자주 멍멍하고 소리가 나요	종종 코피가 나요	갑자기 힘이 빠졌다가 금세 회복되곤 해요	쉽게 숨이 차고 자주 호흡이 곤란해져요
☐	☐	☐	☐

진단 결과 및 분석

12개 이상 이미 고혈압 중증 상태. 병원에 가서 혈압으로 인한 합병증은 없는지 정밀검사를 받는 것이 좋다.

8개 이상 지금 당장 저염식 · 저칼로리 등 식습관을 고치지 않으면 평생 고혈압 약을 먹거나 합병증 때문에 고생하게 될 것이다.

5개 이상 고혈압 문턱에 와 있다. 위험 요인들을 점검하고, 생활습관을 고치지 않으면 위험하다.

고혈압에 관한 진실 vs 거짓

고혈압 완전 정복을 위한 O× 퀴즈

혈압이 쑥쑥 올라가는 것을 막고 건강하게 장수하려면 다음의 테스트를 머릿속에 꼭 기억하고 실천해야 한다. 고혈압을 둘러싼 O× 퀴즈를 풀어보며 고혈압 질환에 관한 진실을 완벽하게 터득하자!

1 젊은 고혈압 환자보다는 나이 든 고혈압 환자가 더 위험하다 □ O □ ×

2 고혈압은 성격과도 관련이 있다 □ O □ ×

3 청소, 빨래 등 집안일을 매일 한다면 따로 운동을 하지 않아도 된다 □ O □ ×

4 뒷목이나 손발이 뻣뻣하거나 머리가 무겁고, 어지러우면 십중팔구 고혈압이다 □ O □ ×

5

고혈압은 추울 때 더 위험한 질환이다

□ 〇
□ ✕

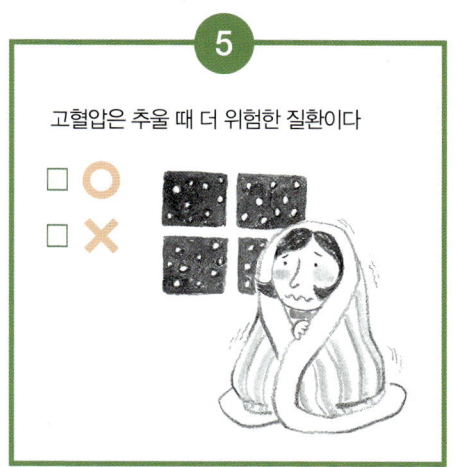

6

고혈압 환자에게 성생활은 해롭다

□ 〇   □ ✕

7

고혈압에 걸리면 뇌졸중, 협심증, 부정맥, 심근경색증, 신부전, 동맥경화증, 망막증 등의 합병증이 나타날 수 있다.

□ 〇
□ ✕

8

고혈압에는 걷기, 등산, 가벼운 조깅 등의 운동이 적당하다

□ 〇
□ ✕

9

고혈압은 약만 제 시간에 먹으면 극복할 수 있다

□ 〇   □ ✕

10

고혈압에는 바나나, 감자, 고구마가 좋다.

□ 〇
□ ✕

고혈압을 둘러싼 진실과 거짓 대공개

1 **젊은 고혈압 환자가 더 위험하다**

70세를 평균 수명으로 가정할 때, 고혈압이 50·60대에 발병하는 경우 노출 기간이 10~20년인 반면 20·30대에 발병하면 40~50년간 혈관이 고혈압 상태에 있게 되어 더욱 심각한 합병증을 유발한다.
→ 49쪽으로

2 **혈압은 성격과도 밀접한 관련이 있다**

무엇이든 완벽해야 하고 짜증을 잘 내고 초조해하는 성격은 스트레스가 마음속에 깊이 쌓여 점점 혈압을 상승시킨다.
→ 60쪽으로

3 **집안일과 운동은 근본적으로 다르다**

혈압이 높은 여성들 중에는 집안일을 하는 것이 큰 운동량이라며 걸레질, 빨래, 청소 등을 운동 대신 위안 삼으려는 경우가 있는데 집안일은 운동이 아니라 노동이다.
→ 72쪽으로

4 **고혈압은 단지 증상만으로 고혈압 유무를 판단할 수 없다**

고혈압은 겉으로는 아무런 증상도 없이 진행되는 것이 특징으로 합병증이 나타나기 전에는 특별한 증상을 느끼지 못한다. 고혈압의 유무를 판단할 수 있는 유일한 방법은 정기적인 혈압 측정을 통해 가능하다.
→ 46쪽으로

5 **고혈압은 추울 때 더 위험하다**

기온이 낮으면 혈관이 수축되어 압력이 상승한다. 따라서 정상인보다 혈관 탄력도가 떨어지는 고혈압 환자에게는 낮은 기온과 급격한 온도 변화가 최대의 적이다.
→ 82쪽으로

6 고혈압 환자에게 성생활은 해롭지 않다.
다만, 주의가 필요하다

섹스 중에는 흥분해서 순간적으로 혈압이 올라갈 수 있다. 하지만 섹스가 끝나면 혈관이
이완되면서 혈압은 다시 정상으로 돌아온다. → 78쪽으로

7 고혈압으로 인한 합병증은 공통적으로 혈관이
망가지는 병들이다

고혈압이 있으면 혈관이 약화되어 결국 뇌로 가는 혈관, 심장으로 가는 혈관, 신장으로 가
는 혈관, 눈으로 가는 혈관들이 병들게 된다. → 54쪽으로

8 편안하게 오래 할 수 있는 걷기, 등산 등의
유산소 운동이 적당하다

고혈압 환자에게 좋은 운동은 유산소 운동이다. 유산소 운동이란 숨을 편안하게 들이시고
마시면서 천천히 지속할 수 있는 운동으로 걷기, 수중 워킹, 실내 자전거타기, 등산, 계단
오르기, 가벼운 조깅, 태극권, 체조, 스포츠 댄스 등이 대표적이다. → 71쪽으로

9 고혈압 치료에 약보다 더 중요한 것은 음식 조절이다

고혈압을 일으키는 대표적인 위험 요인들 가운데 소금, 고콜레스테롤, 담배, 과음
은 모두 음식과 관련된 것들이다. 특히 소금은 흔히 먹는 국, 찌개, 반찬 등 평범한 음식들
에 기본적으로 사용되기 때문에 음식을 조절하지 않고는 고혈압을 치료할 수 없다. → 56쪽으로

10 바나나, 감자, 고구마는 나트륨을 몸 밖으로 배출시킨다

나트륨을 몸 밖으로 배출시키는 칼륨은 고혈압 환자에게는 매우 중요한 영양소이
다. 칼륨은 체내 누적된 염분을 몸 밖으로 밀어내는 작용을 하기 때문에 고혈압 환자에게는
소금을 안 먹는 일만큼이나 칼륨이 풍부한 채소나 과일을 많이 섭취하는 것이 중요하다. → 93쪽으로

침묵의 살인자라 불리는 고혈압은 어떤 질환인가?

최고혈압 140 이상, 최저혈압 90 이상이 고혈압이다

혈압(血壓)이란 '심장의 수축과 혈관의 저항 사이에서 생기는 것으로 혈관벽을 미는 압력'이다. 심장이 혈액을 내보낼 때 심장 자체는 작게 수축하지만 이때 혈압은 높아지는데, 이를 '최고혈압＝수축기 혈압(收縮期血壓)'이라 하고, 온몸을 돈 혈액이 다시 돌아와 심장이 커질 때 혈압은 낮아지는데 이를 '최저혈압＝확장기 혈압(擴張期 血壓)'이라 한다.

고혈압은 최고혈압 140mmHg 이상, 최저혈압 90mmHg 이상인 경우를 말한다. 반면 정상 혈압이란 최고혈압 120mmHg 미만, 최저혈압 80mmHg 미만으로 친다.

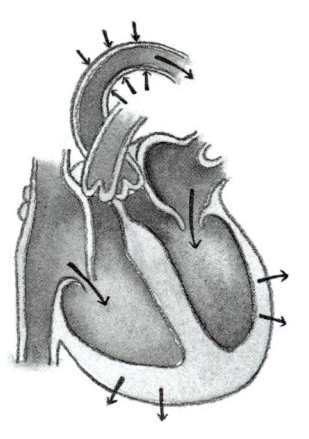 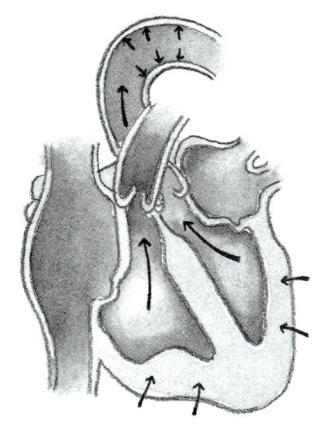

최저혈압   최고혈압

최저혈압과 최고혈압
온몸을 돌고 온 혈액을 심장이 받아들이기 위해 크기가 커질 때 혈압이 낮아지는 것이 '최저혈압'이고, 심장이 수축하여 혈액을 내보낼 때 혈압이 높아지는 것이 '최고혈압'이다.

그리고 고혈압은 크게 '본태성 고혈압'과 '이차성 고혈압'으로 분류된다.

본태성 고혈압이란 혈압을 높이는 몸의 이상이 발견되지 않는 것으로, 다만 연령 증가에 따른 혈관의 노화나 유전인자, 잘못된 식생활 등을 원인으로 추정하고 있을 뿐이다. 고혈압 환자의 80~90% 정도가 본태성 고혈압이다. 이차성 고혈압은 신장 질환, 내분비 질환 등의 특별한 원인에 의한 고혈압을 말한다.

우리나라 30세 이상 성인을 기준으로 했을 때 10명 중 3~4명이 고혈압 환자군에 속하며, 60세 이상은 2명 중 1명꼴로 고혈압 환자이다. 그렇지만 고혈압으로 병원을 찾아 치료를 받는 사람은 25%에 불과하며, 이 중에 80%가량은 그것도 다른 질병 때문에 병원을 찾았다가 우연히 고혈압 진단을 받은 경우이다.

고혈압 진단표		
최고혈압	최저혈압	
140mmHg 이상	90mmHg 이상	고혈압
120mmHg 미만	80mmHg 미만	정상 혈압

최근에는 20·30대 고혈압 환자도 현저히 증가하는 추세이다. 젊은 사람이 고혈압 판정을 받으면 더욱 치명적일 수 있다. 이는 유전적 원인이 크게 작용한 것으로 점점 나이가 들면서 혈압이 계속 상승하여 더욱 심각한 합병증을 유발할 위험이 높아지기 때문이다.

35세 이하의 고혈압 환자는 신장에 합병증이 일어나는 비율이 50세 이상보다 2배나 높다. 70세를 평균 수명으로 가정할 때, 고혈압이 50·60대에 발병하는 경우 노출 기간이 10~20년인 반면 20·30대에 발병하면 40~50년간 혈관이 고

정상 혈압과 고혈압의 연령별 판정 기준(WHO)			
연령(세)	정상 혈압	경계역 혈압(mmHg)	고혈압(mmHg)
15~39	≤140/89	141/90~159/94	≥160/95
40~60	≤159/94	150/95~169/99	≥170/100
≥60	≥170/109	160/95~169/99	≥180/110

혈압 상태에 있게 되어 더욱 심각한 합병증을 유발하게 된다. 따라서 젊은층의 고혈압은 혈압 수치가 높지 않아도 중 · 장년층보다 더욱 엄격한 관리가 필요하다.

'침묵의 살인자'로 불리는 무서운 병인 고혈압이 이렇게 방치되는 이유는 특별한 증상이 없기 때문이다. 고혈압의 초기 단계에선 아무런 자각증상이나 뚜렷한 증상이 없다. 개중엔 '뒷목이 땅긴다' '어지럽다' '손발이 저리다' '눈에 충혈이 잘 생긴다' '귀에서 종종 소리가 들린다' '몹시 피곤하다'와 같은 증상을 호소하기도 하지만, 이들의 경우 다른 질환의 증상으로 수반되는 경우가 더 많다.

그러나 고혈압은 무턱대고 방치하기에는 너무나 무서운 질환이다. 고혈압이 지속되면 혈관은 두텁고 딱딱해져 강한 압력에 저항하게 된다. 최고혈압 140㎜

뇌 · 심장혈관병을 일으키는 고혈압

1 혈관에 작은 상처가 생기면 나쁜 콜레스테롤이 침투하기 쉬워진다

2 산화된 나쁜 콜레스테롤이 대식세포에 흡수되어 세포 내에 과다하게 쌓이면 세포가 죽고 콜레스테롤이 내막을 뒤덮는다

3 내막이 두꺼워지고 손상되면 이를 회복하기 위해 혈소판이 모아지고 혈관이 좁아져 혈전이 생기기 쉬워진다

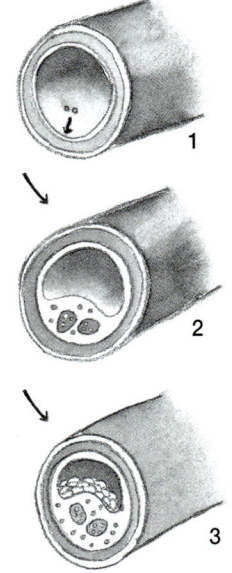

혈액순환이 원활하지 않으면 뇌 · 심장혈관병 발생률이 높아진다

Hg 이상, 최저혈압 90mmHg 이상이 지속되면 뇌졸중, 심근경색, 신부전증, 치매 등 심각한 합병증을 유발하기 때문이다.

고혈압에 더해 당뇨병, 고지혈증 등의 합병증이 발병하면 동맥경화가 점점 진행된다. 고혈압 환자가 뇌졸중에 걸릴 확률은 정상인보다 7배나 높으며 중년에 혈압이 높을수록 노년에 이르러 치매에도 더 잘 걸린다는 연구 결과도 있다. 미국 메릴랜드 주 국립노화연구소팀이 발표한 자료에 따르면, 최고혈압이 140mmHg 이상인 사람은 120~139mmHg인 사람보다, 120~139mmHg인 사람은 120mmHg 이하인 사람보다 치매에 걸릴 위험이 더 높은 것으로 나타났다. 결국 혈압 수치가 높을수록 치매에 더 잘 노출될 수 있다는 것이다.

고혈압은 약물치료와 음식치료를 병행해야 한다

현대의학에서는 일단 고혈압으로 진단되면 약물치료가 가장 중요한 수단이 된다. 약물치료가 필요한 이유는 고혈압의 합병증을 최소한 줄여나가기 위해서인데, 문제는 약물치료를 실시해도 음식치료를 함께 병행하지 않으면 약의 가짓수만 늘어나면서 결국 합병증의 위험에서 벗어나기 어렵다는 점이다.

고혈압 환자 중에 내가 아는 두 유형이 있다. 각각 혈압 수치가 100(110)~150(160)mmHg을 오가는 두 환자는 처음에는 병원에서 똑같이 약물치료를 받았다. 그런데 A는 약물치료를 하면서 철저하게 식이요법에 들어가 채소와 과일, 콩 중심으로 하루 세끼를 챙겨 먹고 과식이나 폭식도 금하였다. 1년이 지나자 혈압이 50mmHg 이상 떨어지면서 체중도 감소했을 뿐만 아니라 약의 가짓수가 절반으로 줄어들었다. 반면 B는 혈압 약에 의존하면서도 여전히 좋아하는 고기와 술을 자제하지 못하며 기존의 식습관을 개선하지 못한 결과 1년이 지나 재진단한 결과 약물 처방만 더욱 강화하게 되었다. 이와 같이 고혈압 환자에게 음식치료가 수반되지 않는 약물치료는 병을 개선시키는 데 큰 도움이 되지 못하는 것이다.

Advice 1

고혈압, 이것이 궁금하다!

Q1 매운 음식은 고혈압에 해롭나요?

고혈압인에게 해로운 음식은 짜고 기름진 음식입니다.
매운 음식은 혈압에 직접적인 영향을 미치지는 않습니다. 다만 매운 음식은 위장이 좋지 않을 때에는 조심해야 합니다.
고혈압 환자에게 나쁜 음식은 짜고, 기름진 음식입니다. 짠 음식이 고혈압에 해로운 이유는 나트륨이 세포 안으로 들어가 상극관계인 칼륨을 쫓아내면 세포가 죽게 되고, 그 결과 혈관 수축물질이 생성되면서 혈압이 상승하게 됩니다. 기름에 튀긴 음식은 혈관 비만을 일으켜 고혈압에 해롭습니다.

Q2 고혈압 환자에게 과식은 나쁜가요?

혈압을 높이는 과식은 피해야 합니다.
과식은 혈관의 압력을 더욱 상승시켜 고혈압 환자에게는 매우 위험한 식습관입니다. 특히 밤에 과식을 하고 자면 다음 날 혈관의 흐름이 둔탁해져서 몸을 무겁게 할 뿐만 아니라, 겨울철에는 혈관까지 수축되어 자칫 위험한 결과를 초래할 수 있습니다.

Q3 고혈압 약을 먹다가 혈압이 정상치로 돌아가면 약은 더 이상 먹지 않아도 되나요?

정상 혈압이 돼도 꾸준한 약물치료와 음식치료가 필요합니다.
고혈압은 발병 원인을 정확히 알 수 없기 때문에 완치가 불가능한 질환입니다. 혈압이 정상으로 돌아왔다고 해도 고혈압이 완벽하게 치료된 것은 아니므로 고혈압 환자는 하루도 방심해서는 안 됩니다. 부작용 없는 약들도 많이 나와 있으므로 꾸준한 약물치료와 음식치료를 통해 합병증을 잡아야 합니다.

Q4 고혈압 환자인 임산부도 약을 먹어야 하나요?

고혈압을 앓고 있는 산모는 의사와 상의 후 약을 복용해야 합니다. 산모가 사망하는 원인으로 과다 출혈 다음이 고혈압입니다. 고혈압 환자가 임신을 하면 임신중독증이 생기기 쉽고 조산 등의 위험이 높아집니다. 요즘에는 태아에게 부작용이 없는 고혈압 약들도 많이 나와 있으므로 의사와 상의해서 복용하는 것이 안전합니다.

Q5 젊었을 때 저혈압이었던 사람은 고혈압 걱정은 안 해도 되나요?

저혈압이었던 사람이 나이가 들면 고혈압으로 바뀔 가능성이 높습니다.

고혈압과 저혈압은 혈관의 순환 장애로 생기는 병입니다. 따라서 젊었을 때 저혈압이었다면 아무렇게나 신경 쓰지 않고 먹어온 그릇된 식습관 등으로 인해 나이가 들면 동맥경화와 더불어 고혈압으로 바뀔 가능성이 훨씬 높아집니다.

ㄴ 고혈압 (35세) ㄴ,고혈압 (60세)

Q6 고혈압은 여자보다 남자에게 쉽게 발병하나요?

고혈압은 여자 환자가 더 많습니다.

여자는 폐경을 하면 혈압이 급격하게 올라갑니다. 그래서 60세 이상의 연령대에는 여자 고혈압 환자가 남자보다 많고 고혈압으로 인한 사망률도 여자가 남자보다 2배나 높습니다.

합병증과 함께 나타나는
고혈압의 증상들

고혈압은 아무런 증상도 없이 진행되는 무서운 질환이다

'뒷목이 땅긴다', '머리가 무겁다', '어지럽다', '말이 어눌해졌다', '마비증상이 있다', '손발이 뻣뻣하다', '눈이 충혈된다'. 이는 흔히 고혈압 환자들이 호소할 수 있는 대표적인 증상들이다. 그러나 단지 이런 증상들로 고혈압이다, 아니다를 단정하는 것은 아주 잘못된 판단이다.

고혈압은 겉으로는 아무런 증상도 없이 진행되는 것이 특징이다. 고혈압이 있다고 해서 잘 하던 직장생활을 못하거나 생활에 불편함을 경험하는 것이 절대 아니라서 흔히 '침묵의 살인자'로 불린다.

앞에 열거한 증상들은 꼭 혈압이 높아야만 수반되는 증상이 아니라 일반적으로 스트레스를 받거나 몸이 피로한 경우에도 같은 증상을 느낄 수 있다. 그래서 고혈압은 증상만으로 진단하려고 하면 안 되며, 정기적인 혈압 측정만이 고혈압 유무를 판단할 수 있는 유일한 방법이다.

특히 부모나 조부모 중에 고혈압 환자가 있거나, 40세 이상으로 살이 많이 쪘다거나, 술과 담배를 많이 하며 식사를 불규칙하게 먹으며 냉동식품이나 외식에 의존하는 비율이 높은 사람들의 경우에는 일주일에 1회 이상은 혈압을 측정하는 것이 안전하다.

만일 평소 혈압은 정상이었는데 어느 날 갑자기 혈압 수치가 높게 나왔다고 해서 '내가 고혈압 환자가 되었나 보다' 하고 불안해하거나 놀랄 것까지는 없다. 근래 스트레스를 많이 받았거나, 과로를 했거나, 커피를 많이 마셨거나, 혹은 고기를 잘 안 먹다가 많이 먹었거나, 과식을 했을 경우에도 혈압은 일시적으로 올라갈 수 있다. 이와 같이 고혈압의 원인은 과도한 스트레스, 흡연, 염분의 과다 섭취, 불규칙한 식사, 과로, 수면부족 등 본인도 모르게 혈압을 높이는 습관이 고혈압을 일으키는 원인이 된다.

고혈압보다 더 무서운 것은 합병증이다

고혈압은 의사에게 정확한 진단을 받는 것이 가장 현명하다. 고혈압 발병의 10~20%는 그 원인을 정확히 알 수 없기 때문이다. 높은 혈압은 뇌졸중, 심장마비, 신부전 등의 합병증을 일으켜 치명적인 결과를 초래한다. 고혈압이 오래 진행되면 가슴 방사선 촬영 등에서 심장이 비대하게 보이면서 심전도에서도 이상이 나타난다. 이런 상태를 방치하면 심장이 많이 커져 제대로 피를 뿜어내지 못하여 폐에 물이 차서 숨이 많이 차는 등 심부전증을 초래하게 된다.

그런가 하면 혈압이 높을수록 뇌출혈의 위험도 증가한다. 국내 55세 이상 고혈압 환자가 10년 후 뇌졸중에 걸릴 위험도는 20% 이상이나 되기 때문에 합병증 관리에 신경 써야 한다. 특히 뇌졸중은 한국인의 사망 원인 가운데 가장 높은 비중을 차지하는 질환으로 평소 고혈압 관리가 얼마나 중요한가를 말해주고 있다.

고혈압을 오랫동안 방치하여 심장, 신장, 뇌 혈관 등이 이미 손상된 후에는 치료할 수 있는 방법이 매우 힘들어지기 때문에 고혈압은 빨리 잡을수록 바람직하다.

따라서 고혈압을 진단하는 데 있어, 절대 증상에 의존하지 말 것을 강조하는 이유는 고혈압 환자는 합병증이 있기 전에는 대부분 자각하지 못하기 때문이다. 그래서 뚜렷한 증상이 없더라도 정기적으로 혈압을 측정하는 노력이 필요하다.

고혈압에 공략당하기 쉬운 5대 신체 부위

고혈압이 무서운 이유는 합병증 때문인데, 고혈압으로 인한 합병증은 공통적으로 혈관이 망가지는 병들이다. 고혈압이 있으면 혈관이 약화되어 결국 뇌로 가는 혈관, 심장으로 가는 혈관, 신장으로 가는 혈관, 눈으로 가는 혈관들이 병들게 된다.

이로 인해 신체 각 부위별로 나타나는 증상과 질병을 알아보자.

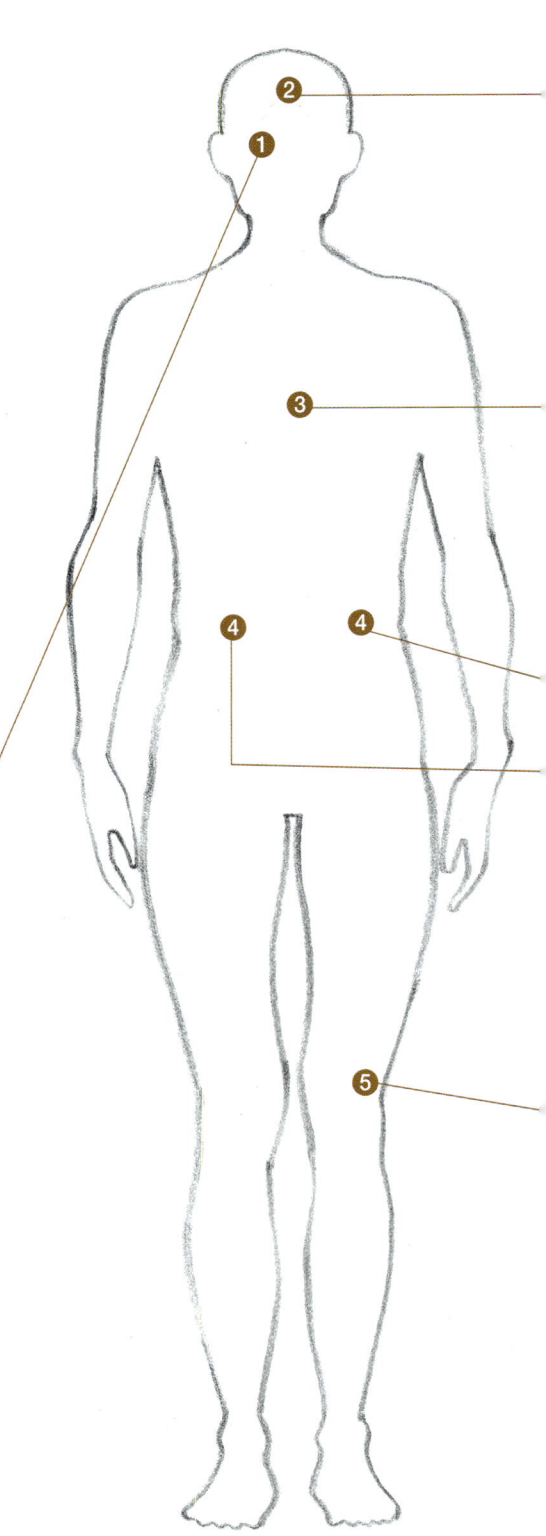

망막증

고혈압이 있으면 눈으로 가는 혈관도 안전할 수 없다. 고혈압이 오래 지속되면 망막혈관이 터지거나 피가 고여서 자칫 실명으로 연결될 수 있다.
망막증 초기에는 갑자기 시력이 떨어지면서 눈이 침침한 증상이 있는데, 방치하면 시력을 잃을 수도 있으므로 고혈압이 있으면 1년에 1회 안과 검진은 필수이다.

☐ 고혈압을 앓은 지 15년이 넘었다
☐ 두통이 있다
☐ 눈이 침침하다
☐ 갑자기 시력이 나빠졌다
☐ 잘 충혈된다

뇌졸중

고혈압이 있으면 정상인보다 뇌졸중 발병 확률이 5배나 높다.

- [ ] 몸 어딘가에 감각이 없다
- [ ] 혀가 꼬이거나 말을 더듬는다
- [ ] 머리가 아프고 어지럽다
- [ ] 기억력이 떨어졌다
- [ ] 걸음이 의지대로 걸어지지 않는다
- [ ] 잘 삼키지 못하며 사레가 잘 든다
- [ ] 시야가 흐릿하며 물체가 둘로 보인다

심장병

고혈압이 있으면 협심증과 부정맥이 발생할 확률이 정상인보다 3배, 심부전은 4배나 높다.

- [ ] 조금만 움직여도 숨이 찬다
- [ ] 발, 발목 등이 붓는다
- [ ] 가슴이 아프고 어깨, 턱밑이 묵직한 느낌이다
- [ ] 피곤하고 갑자기 지친다
- [ ] 가슴 부위가 쓰리고 소화가 안 되는 느낌이다
- [ ] 가슴이 답답해 밤잠을 설친다

신부전

혈압과 신장은 공생 관계이다. 혈압이 높으면 신장기능이 망가지고 신장이 나쁘면 혈압이 상승한다. 신부전은 만성질환이라서 평소 혈압을 잘 관리하는 것이 신장질환을 예방하는 상책. 따라서 고혈압 환자들은 1년에 1~2회 소변과 혈액 검사를 통해 신장 상태를 체크해야 한다.

- [ ] 얼굴, 발 등이 붓는다
- [ ] 많이 피곤하다
- [ ] 숨쉬기가 어렵다
- [ ] 소화가 잘 안 되고 메스껍다
- [ ] 자주 딸꾹질을 한다
- [ ] 소변량이 늘거나 줄었다
- [ ] 혈압 변화가 심하다

동맥경화

동맥경화는 혈관에 지방이 달라붙어 혈관이 좁아지고 탄력을 잃어 생기는 질환이다. 우리 몸에 혈관이 닿는 곳이라면 모두 해당된다고 볼 수 있다. 심장을 둘러싼 관상동맥에 동맥경화가 생기면 협심증, 심근경색 등 심장질환을 일으키고, 뇌혈관에 동맥경화가 생기면 뇌졸중을 일으키므로 고혈압이 있는 사람에게는 치명적일 수 있다.

- [ ] 체중이 늘었다
- [ ] 걷거나 서 있으면 다리 통증이 심하다
- [ ] 최고혈압과 최저혈압 차이가 점점 커진다
- [ ] 복부 비만이다
- [ ] 손발이 저리다

고혈압을 일으키고
우리 몸을 해치는 8대 주범

유전　부모나 조부모 중에 고혈압 환자가 있다면 나이가 들어 고혈압 환자가 될 확률이 아주 높아진다. 부모 모두 고혈압 환자인 경우 자녀 중 한 명은 십중팔구 고혈압 환자에 속하기 때문이다. 부모 중에 한사람만 고혈압을 앓아도 자녀에게 고혈압이 발병할 확률은 25~40% 정도로 높다.

그러므로 고혈압 유전인자를 가진 사람은 젊었을 때부터 고혈압을 일으키는 요인들을 멀리하고 혈압 관리를 시작하는 것이 안전하다.

비만　고혈압 환자 중 절반가량은 정상 체중보다 살이 찐 경우이다. 살이 찌면 인슐린 분비가 증가해서 혈압이 높아지는데, 인슐린은 몸 안에 수분과 염분을 저장하는 성질이 있어 그만큼 혈관에 부담을 주게 된다. 체중과 혈압은 밀접한 관계라서 체중을 2~3kg만 빼도 혈압은 많이 떨어진다.

나이　젊어서는 저혈압이었는데 나이가 들며 고혈압 환자가 되는 경우가 있다. 나이가 들면 누구나 혈관에 탄력이 떨어지고 콜레스테롤, 혈전 등 노폐물이 쌓여 압력이 높아지기 때문에 고혈압이 되기 쉽다. 특히 여성의 경우에는 폐경 이후 호르몬의 교란으로 고혈압으로 변할 가능성이 남자보다 2배 이상 높다.

운동 운동을 전혀 하지 않고 혈압을 조절하려는 것은 무리이다. 운동을 하지 않는 사람은 운동을 꾸준히 하는 사람에 비해 고혈압에 걸릴 확률이 2배나 높다. 운동은 단지 체중 조절뿐만 아니라 혈관 비만을 막아주기 때문에 꼭 해야 한다. 운동을 하면 인슐린이 감소해서 지방이 빠지고 혈관이 이완되어 혈액순환을 크게 돕는다. 고혈압 환자에게 좋은 운동은 혈관의 산소를 에너지로 사용하는 유산소 운동으로 그중에서도 걷기가 가장 좋다.

담배 담배는 고혈압을 일으키는 최대의 적이다. 담배를 피우면 혈압이 높아지는데 실제로 담배 한 개비를 피우고 있는 동안 혈압을 측정해 보았더니 10~20mmHg 이상 상승했다. 고혈압 초기 환자는 담배를 끊는 것만으로도 어느 정도 혈압 조절에 성공할 수 있다.

과음 술을 많이 마시면 혈관이 수축되고 인슐린 분비가 증가해 혈압이 올라간다. 혈액순환을 돕는 '한두 잔의 술은 고혈압 환자에게 좋다' 는 설도 있으나 이 말을 믿고 술을 마시다가는 낭패를 보게 된다. 알코올은 마시는 것만으로 혈압 수치를 올린다. 특히 혈압 약을 복용할 때 술을 마시면 알코올에 마비 성분이 있기 때문에 약효를 떨어뜨리며 부작용을 초래할 수 있다.

스트레스 고혈압 환자를 불로 비유할 때 기름과 같은 요인이 스트레스이다. 실제로 스트레스를 받으면 혈관을 수축시키는 아드레날린(adrenalin)이 갑자기 증가해 혈압이 올라가게 된다. 스트레스를 자주 받으면 혈관의 기능이 손상되고 탄력을 잃어 혈압이 높아지고 그로 인한 각종 합병증을 앓게 된다.

나트륨 음식을 짜게 먹으면 물을 많이 마시게 된다. 즉 혈관에 나트륨이 많아지면 다량의 수분이 혈관 안으로 들어와서 압력이 높아진다. 따라서 짜게 먹으면 혈관의 압력이 높아져 혈압이 치솟는 것이다. 나트륨이 혈관에 차곡차곡 쌓이면 혈관을 부식시켜 뇌출혈과 심장질환 등을 유발할 수 있다.

특히 김치, 젓갈, 찌개, 국 등 소금이 많이 들어가는 음식 위주로 식단이 구성되어 있는 우리나라 사람의 나트륨 섭취율은 세계보건기구(WHO)의 권장량보다 1.5배나 높다.

한국인의 나트륨 섭취량의 심각성

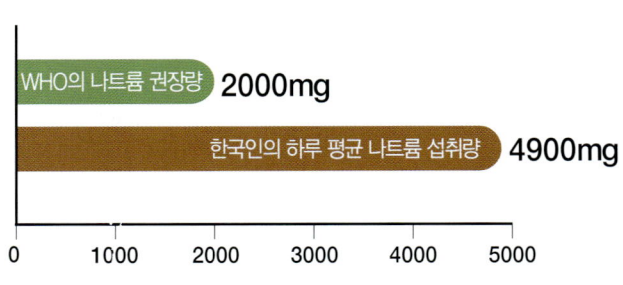

세계보건기구(WHO)의 나트륨 권장량은 하루 2000mg 미만이나, 한국인의 하루 평균 섭취량은 약 4900mg으로 1.5배나 높다.

나트륨 섭취의 주요 급원식품

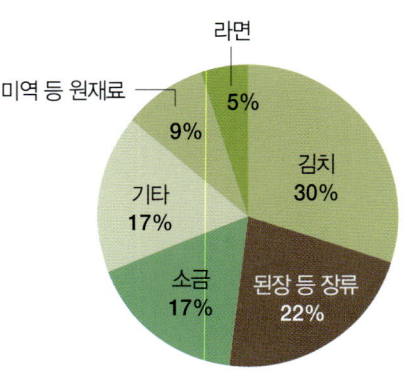

*한국인 국민건강 · 영양조사 (2001년, 보건복지부)

혈압 강하제가 궁금하다!

1. 칼슘 길항제
수축된 혈관을 확장시켜 혈압을 떨어뜨리는 약으로 혈압 강하제 중에 가장 안전하다고 알려져 고혈압 처방에 가장 많이 쓰이는 약입니다. 그러나 남용할 경우 두통, 열감, 부종, 어지러움, 두근거림, 심계항진(심장의 고동이 높아지는 것) 등의 부작용을 초래할 수 있습니다.

2. 이뇨제
고혈압 환자에게 기본적으로 처방되는 약입니다. 고혈압 환자의 경우 혈관 내에 체액이 많아 혈관에 부담을 주기 때문에 이뇨제로 불필요한 체액을 빼내는 효과가 있어요. 그러나 저혈압, 햇빛 알레르기, 저칼륨증, 식욕부진 등의 부작용을 초래할 수 있습니다.

3. 베타 차단제
알파와 베타 두 가지 교감신경 중 베타 교감신경을 차단하는 약제입니다. 즉 심장 수축력이나 심박 동수 등을 줄임으로써 혈압을 떨어뜨리는 작용을 합니다. 그러나 천식 환자가 복용하면 발작을 유발할 수 있습니다. 그 밖에 부작용으로 발진, 가려움, 눈물 분비 감소, 심부전, 구토 등을 초래할 수 있습니다.

4. 앤지오텐신(ACE) 억제제
이뇨제와 함께 자주 사용되는 약입니다. 심장이나 혈관에 직접 작용하지는 않고, 체내에서 혈압을 올리고 염분과 수분을 축적시키는 레닌-앤지오텐신-알도스테론(renin-angiotensin-aldosterone)이라는 시스템을 억제하여 혈압을 낮추는 약입니다. 부작용으로는 마른기침을 유발할 수 있으며, 여성의 경우 사생아를 출산할 수 있기 때문에 임신이나, 임신을 계획 중이라면 사용을 피해야 합니다.

5. 혈압 약은 아침에 복용하세요!
심근경색, 뇌졸중 등의 심혈관계 합병증은 주로 아침에 발생하는 것으로 알려져 있으므로 아침에 혈압 강하제를 복용하는 것이 일반적입니다. 그러나 요즘에는 약효가 24시간 균일하게 지속되는 약이 대부분이므로 하루 중 아무 때나 복용하고 다음 날부터는 아침에 복용하는 것을 원칙으로 합니다.
복용 시간표 1일 1회 복용 – 지정 시간의 7시간 이내, 1일 2회 복용 – 지정 시간의 4시간 이내,
　　　　　　　1일 3회 복용 – 지정 시간의 2시간 이내

Self Check List 2
고혈압을 부르는 성격을 고치라!

당신의 성격이 고혈압을 부르고 증상을 악화시킬 수도 있다. 혹, 내 성격이 혈압을 높이는 요인이 아닌지 체크 리스트를 통해 알아보자.

1

모든 일을 완벽하게 처리해야 직성이 풀린다

☐ 예   ☐ 아니오

2

입바른 소리를 잘 못하고 꾹 참는 성격이다

☐ 예   ☐ 아니오

3

지나치게 꼼꼼한 성격이다

☐ 예   ☐ 아니오

4

아주 사소한 일에도 잘 놀란다

☐ 예   ☐ 아니오

5

화를 자주 낸다

☐ 예
☐ 아니오

6

나는 절대, 지고는 못 산다

☐ 예　☐ 아니오

7

억눌린 감정이 많다

☐ 예

☐ 아니오

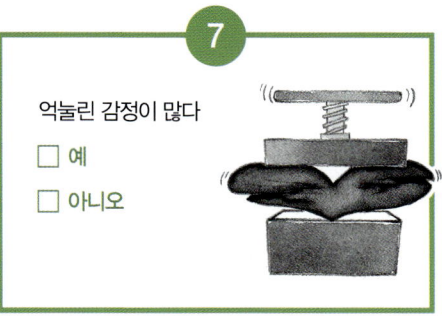

8

쉽게 우울해진다

☐ 예

☐ 아니오

9

부하의 실수는 용서하지 못하나, 상사의 실수는 너그럽게 이해한다

☐ 예　☐ 아니오

10

금세 즐거웠다 슬퍼진다

☐ 예

☐ 아니오

진단 결과 및 분석

3개 이상

혈압 상승 주의보. 혈압은 성격과도 밀접한 관련이 있다. 자율신경에는 교감신경과 부교감신경이 있는데, 교감신경이 지나치게 긴장되면 초조, 불안 등의 증상이 수반되면서 혈압을 상승시킬 수 있다.

6개 이상

혈압 관리 경보. 무엇이든 완벽해야 하고 초조해하는 성격은 스트레스가 마음 속에 깊이 쌓여 점점 혈압을 상승시켜 고혈압의 증상을 악화시킨다. 일반적으로 혈압은 가정에서보다는 사무실 안에서 근무할 때 더 상승하게 된다. 이는 긴장감 때문으로 평소 유쾌하고 유머러스한 생활습관을 갖는다.

고혈압을 조기 발견, 예방하자!

꾸준한 혈압 측정은 고혈압을 조기에 발견하는 유일한 방법이다. 고혈압은 진행이 되어도 뚜렷한 증상이 없기 때문에 규칙적인 혈압 측정이 무엇보다도 중요하다. 40세 이상이거나 가족 중 고혈압 병력이 있는 사람은 휴대용 디지털 혈압기를 구입하여 집에서 자주 재도록 한다.

집에서 잴 때는 측정된 수치에 10mmHg을 더한다

병원에서 혈압을 측정할 때에는 140~90mmHg 이상을 고혈압으로 간주한다. 그런데 병원에서 잴 때는 고혈압이었던 사람이 집에서 측정하면 이보다 훨씬 낮은 수치가 나와 고혈압이 아니라고 방심하면 안 된다.

'백의 고혈압'이라고 해 하얀 가운을 입은 의사나 간호사 앞에서 혈압을 재

집에서 혈압 제대로 재는 법

1 팔에 감는 밴드를 바닥에 놓고 손바닥으로 눌러 안의 공기를 충분히 뺀다.
2 편안하게 앉은 자세에서 팔을 심장과 일직선 높이가 되도록 탁자나 의자 위에 얹는다.
3 밴드의 접착 부분이 팔이 접히는 안쪽에 위치한 동맥에 오게 한다.
4 팔꿈치를 기준으로 손가락 마디 1~2개 위를 밴드의 밑선으로 잡는다.
5 손가락 1개 정도가 드나들 수 있게 여유를 갖고 밴드를 감는다.
6 편안하게 호흡을 조절한 다음 작동 버튼을 누르고
　혈압을 측정한다. 날짜와 시간, 혈압 수치를 적는다.

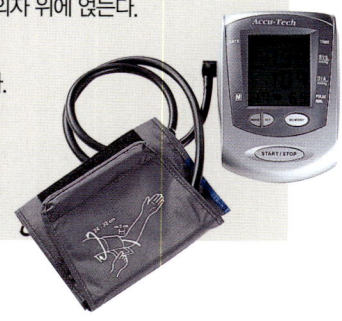

면 혈압이 순간적으로 오르듯, 고혈압 수치는 병원과 집에서 잴 때 서로 다르게 나올 수 있다. 아무래도 집에서 측정할 때는 긴장하지 않기 때문에 병원에서 잴 때보다 수치가 낮게 나오는 것이 보통이다. 따라서 집에서 잴 때는 나온 수치에 10mmHg을 더하는 것이 정확하다. 예컨대 130~80mmHg이 나왔다고 했을 때 각각 10mmHg을 더해보면 고혈압으로 분류된다.

마음이 가장 편안할 때 잰다

혈압은 시간, 장소, 측정할 때의 자세 및 긴장 상태 등에 따라 수시로 변한다. 일반적으로 오전에 서서히 상승하다 저녁 무렵 낮아지기 시작해 새벽에 가장 낮은 수치가 된다. 또 같은 시간에 연속적으로 측정해도 심리 상태에 따라 5~20mmHg까지 차이가 날 수 있다. 따라서 혈압은 마음이 가장 편안할 때 재는 것이 바람직하다.

가정에서 혈압을 측정할 때는 2~3일 간격으로 오전에 연속적으로 측정한 다음 평균치를 내는 것이 비교적 정확하다. 한 번 재고 10분 정도 호흡을 가라앉힌 다음 측정해야 정확한 수치를 얻을 수 있다. 또 혈압을 잴 때 팔을 심장 높이로 올리고 밴드를 감아 재도록 한다.

혈압 측정 전에는 운동, 식사, 흡연, 커피 등을 피한다

혈압을 재기 전에는 혈압에 영향을 줄 수 있는 운동이나 식사, 흡연, 커피 등을 피한다. 소변이 마렵다면 먼저 화장실에 다녀온 후 5분간 안정을 취한 다음 측정한다. 식사를 한 후에는 30분~1시간 정도 지난 후 잰다.

고혈압 환자는 2~3개월에 한 번은 병원에서 잰다

집에서 재는 디지털 혈압기와 병원에서 사용하는 수은 측정기에 수치 차이가 크거나, 140~90mmHg 이상인 고혈압 환자들은 집에서 자주 측정을 하더라도 2~3개월마다 가까운 동네 병원에서 혈압을 측정하여 비교해보는 것이 안전하다.

요즘은 공공장소 등에 자동 혈압기가 비치되어 있어 보다 쉽게 혈압을 측정할 수 있지만, 이 경우에도 디지털 혈압기에서 나오는 수치만 믿지 말고 가끔 병원에서 재는 수은 혈압기로 측정해 보도록 한다.

디지털 혈압기는 병원에서 재는 것보다 낮게 측정된다

어쩌다 한번만 측정한 혈압을 고혈압이라고 단정하면 곤란하다. 혈압은 상황에 따라 민감하게 변한다. 커피 1잔을 마셔도, 담배 1대만 피워도 금세 혈압이 올라가며 스트레스를 받는 상황에서는 누구나 혈압이 높기 때문에 안정 상태에서도 혈압이 높고, 반복해서 잴 때마다 항상 높게 나와야 고혈압으로 진단할 수 있다.

혈압은 최소한 3번 측정한다. 하루에 3번 모두 측정하여 진단하는 것이 아니고 시차를 두고 측정한다. 가능하면 한 두달에 걸쳐 측정하는 것이 좋다. 이렇게 해도 고혈압으로 나오면 병원을 방문하여 의사로부터 직접 혈압을 측정 받고 고혈압으로 진단되면 본격적인 치료에 들어가도록 한다.

특히 디지털 혈압기는 병원에서 재는 것보다 100mmHg 이상 낮게 측정되기 때문에 단순히 나온 수치만으로 고혈압이다, 아니다를 판단하는 것은 곤란하다. 나온 수치에 100mmHg 이상을 더해 계산해 보고, 두세 달에 한 번씩은 가까운 병원에 가서 수은 혈압기로 혈압을 재보도록 한다.

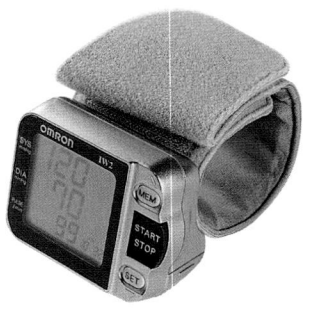

건강검진표를 꼭 확인하라!

병원에서 종합검진을 받고 나면 간호사가 묻습니다. "다시 방문하여 검진 결과에 대한 설명을 들으시겠어요? 아니면 검진 결과표를 집으로 보내드릴까요?" 결과표를 집으로 부쳐달라고 한 사람들은 검진표를 받아보고 이내 후회하게 됩니다. 읽고 또 읽어도 도대체 무슨 뜻인지 이해가 안 되기 때문입니다. 고혈압 환자는 다음의 수치를 확인해야 합니다.

1 콜레스테롤 수치

콜레스테롤은 혈관의 건강 상태를 판가름하는 잣대로 총 콜레스테롤 수치가 200 이하면 정상입니다. 콜레스테롤은 몸에 '좋은 콜레스테롤(HDL)'과 '나쁜 콜레스테롤(LDL)' 두 종류가 있습니다. 좋은 콜레스테롤은 수치가 높을수록 혈관 상태가 깨끗함을 뜻하는데, 여성은 50 이상, 남성은 40 이상이어야 합니다. 나쁜 콜레스테롤은 낮을수록 좋기 때문에 130 미만으로 유지해야 하지만 심장질환이 우려되면 100 미만으로 낮춰야 합니다.

*콜레스테롤에 대한 자세한 정보는 136쪽 참조

2 중성지방 수치

지질정밀검사(Lipid Battary)에서 중성지방(TG)이 높으면 심장질환이 유발될 수 있습니다. 보통 200 이하를 정상으로 보지만 복부 비만이 심하거나 혈압이 160~100mmHg 이상인 사람들은 150mmHg 미만으로 떨어뜨려야 합니다. 중성지방의 수치가 높으면 혈관을 깨끗이 청소해주는 좋은 콜레스테롤의 수치를 떨어뜨리며 쌀밥, 밀가루 등 탄수화물과 술을 많이 먹으면 중성지방 수치가 올라감을 기억해두세요.

3 호모시스테인 수치

호모시스테인이란 혈액 안에서 심장질환을 유발하는 요소로 농도가 짙으면 심장질환이 발병할 확률이 높아집니다. 혈압이 높으면서 동맥경화가 의심되는 경우 이 수치를 유심히 살펴봐야 합니다. 남성의 경우 4.5~14, 여성의 경우 4~11이면 정상입니다.

4 헤모글로빈 수치

일반혈액검사(CBC)에서 헤모글로빈 수치(Hb)는 여성은 12, 남성은 13이 정상입니다. 이보다 낮으면 빈혈이란 뜻이며 17~18 이상이면 심근경색과 뇌경색의 위험이 높아집니다. 매일 8잔 이상의 생수를 마시면 헤모글로빈 수치를 떨어뜨리는 데 큰 도움이 됩니다.

고혈압을 치료하는 10가지 생활수칙

증상도 없고 한 번 걸리면 합병증을 걱정하며 평생 고생해야 하는 고혈압. 그래서 혈압을 꾸준히 관리하는 생활법의 습관화는 혈압 약보다 먼저 챙겨야 한다. 고혈압을 떨쳐버릴 수 있는 10가지 생활법을 기억해두고 매일매일 실천하자.

1 음식은 싱겁게, 골고루 섭취하라!

짠 음식, 즉 나트륨은 혈압을 상승시키는 중요한 원인이다. 우리나라 사람의 하루 소금 섭취량은 15~20g 정도이지만 고혈압 치료와 예방을 위해서는 그 양을 절반 이하로 줄여야 한다. 또 음식을 골고루 적당히 먹는 습관이 필요하다.

2 살이 찌지 않도록 일정 체중을 유지하라!

비만은 혈압 상승과 밀접한 관계가 있다. 몸이 비대하면 몸 전체에 보내야 할 혈액량이 많아지고 그만큼 심장이 힘들여 일을 한다. 특히 고혈압 환자에게 악영향을 미치는 복부 비만은 고혈압의 적이다.

3 매일 30분 이상의 규칙적인 운동만이 살길이다!

몸을 잘 움직이지 않는 사람은 활동적인 사람보다 고혈압이 생길 확률이 20~50% 높다. 고혈압인 사람은 일주일에 3~4회 정도, 1회 30분~1시간씩 약간 숨이 찰 정도의 규칙적인 운동이 좋다.

혈압이 160~100mmHg 이상 높은 사람은 운동부하검사(계단 오르기나 자전거타기 등의 운동을 하여 심장의 운동량을 증가시킨 상태에서 심전도와 혈압, 맥박을 측정하는 검사)나 전문의 상담 등을 통한 철저한 사전 준비가 필요하다.

4 자신만의 스트레스 해소법을 적극적으로 만들어내라!

스트레스를 풀지 못한 채 가슴에 담아두면 정신적으로나 육체적으로 좋지 않다. 육체적 과로나 근심, 불안, 긴장 등으로 말미암아 일시적으로 혈압이 치솟으며 뇌졸중, 심근경색 등 합병증이 초래될 수 있으므로 충분한 휴식과 수면을 취하고 마음을 차분하게 유지하도록 한다.

실제로 고혈압 환자의 경우 명상이나 차분한 노래를 5분 이상 듣고 있으면 혈압이 떨어지는 것으로 나타났다. 적절하게 여행을 즐기거나, 좋아하는 사람들과 주기적으로 만나 수다를 떠는 것만으로도 혈압 조절에 큰 도움이 된다.

5 규칙적으로 혈압을 측정하라!

집에 휴대용 혈압기를 마련하고 일주일에 2~3회 이상 규칙적으로 혈압을 측정하는 것이 중요하다. 또 가까운 병·의원을 한두 달에 한 번씩 정기적으로 방문해 혈압도 재고 전문의와 상담하는 것도 좋은 방법이다.

6 하루 8시간 정도의 숙면을 취하라!

수면 부족으로 피로가 누적되면 혈액이 탁하게 변할 수 있을뿐더러 심폐기능에도 영향을 미쳐 고혈압을 유발하는 원인으로 작용한다. 그러므로 하루 8시간 정도 숙면을 취하는 것이 혈압 조절에 도움이 된다.

취침 시간은 생체주기에 맞춰 자정 전에 잠들어 아침 일찍 일어나는 습관이 혈압 안정에 좋다.

7 심호흡을 자주 하라!

숨을 크게 들이마신 다음 천천히 '후~' 하고 내뱉는 심호흡을 여러 번 반복하다 보면 열이 떨어지면서 혈압 강하에 도움이 된다. 심호흡을 하여 폐에 산소를 충분히 공급하면 혈관을 확장하는 프로스타글란딘(prostaglandin) 등 혈관확장 물질이 만들어져 혈압 조절에 도움이 된다.

8 아침에 벌떡 일어나지 마라!

혈압이 높은 사람은 전반적인 순환체계에 장애가 있으므로 천천히 일어나는 것이 좋다. 갑자기 벌떡 일어나면 순간적으로 혈압이 상승할 수 있기 때문이다. 잠자리에 누운 상태에서 손목과 발목을 돌려주거나 마사지한 뒤 천천히 일어나도록 한다.

9 좋아하는 음악을 매일 들어라!

좋아하는 음악을 들으면 마음의 여유와 즐거움이 생기면서 혈압이 내려가는 효과를 얻을 수 있다. 일본의 과학자들이 신경과민성 환자 34명을 대상으로 각자 가장 좋아하는 음악을 듣게 한 후 혈압을 측정하였더니, 음악을 듣지 않고 혈압을 잰 사람들보다 혈압 수치가 떨어졌다는 연구 결과가 이를 증명한다.

10 헬스장 등에서 이어폰을 사용할 때는 볼륨을 낮춰라!

청각과 평형감각을 담당하는 귀에 이어폰을 꽂고 볼륨을 크게 높이면 평형기능에 장애를 일으켜 혈압을 상승시킬 수 있다. 또한 고혈압 환자에게 이어폰 사용은 전신 피로와 수면 장애 외에도 자율신경과 뇌하수체를 자극해 불안감을 유발하므로 사용을 자제하는 것이 좋다.

춤추는 혈압을 잡아라!
하루 시간대별 고혈압 예방법

아침　　혈압은 몸이 활동하기 시작하는 아침부터 점심때까지 가장 많이 올라간다. 실제로 고혈압의 주요 합병증인 뇌졸중 발생이 가장 많이 발생하는 시간대를 조사한 결과 오전 8~10시로 나타났다.

▶ **혈압 대책** : 기상 시 벌떡 일어나지 말고 잠자리에서 5분 정도 가볍게 몸을 푼 후 천천히 일어나 미지근한 물을 1잔 마시며 긴장을 푼다.

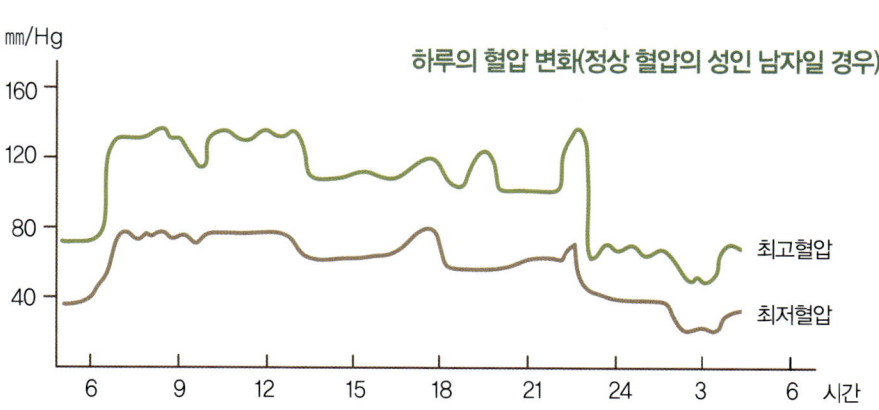

하루의 혈압 변화(정상 혈압의 성인 남자일 경우)

mm/Hg

최고혈압

최저혈압

혈압은 오전 6시부터 서서히 상승하여 오후 2시까지 높게 유지된다. 그러나 이 시간대가 아니라 하더라도 고혈압 환자는 스트레스나 무리한 운동, 성생활 등으로 갑자기 상승할 수 있으므로 항상 조심해야 한다.

점심 　스트레스는 혈압을 상승시키는 주요 원인. 직장인이라면 일을 하는 낮에 혈압이 올라갈 확률이 높다. 혈압이 정상인 사람도 직장에서 일을 하게 되면 10~20mmHg 정도 혈압이 상승한다.

▶ **혈압 대책** : 50분 정도 집중적으로 일하고 5~10분 정도 가벼운 스트레칭으로 긴장된 근육을 풀어준다.

저녁 　고혈압 환자들이 두려워하는 성생활이 이뤄지는 시간대이다. 섹스 도중에 혈압이 상승하여 종종 복상사란 치명적인 결과를 초래할 수 있기 때문이다. 그러나 성생활에 따른 혈압 상승치는 운동량에 따라 다르다. 매일 운동을 하는 사람은 20~30mmHg 정도, 운동을 하지 않는 사람은 40~50mmHg 정도 차이가 나는 것으로 알려져 있다.

▶ **혈압 대책** : 평소에 꾸준히 운동을 한다.

밤 　흔히 밤잠을 설친 다음 날에는 혈압이 크게 상승하듯이, 충분한 수면은 고혈압 환자들에게 천연 보약이나 다름없다.

▶ **혈압 대책** : 수면 중에는 혈압이 내려가므로 하루 7~8시간은 숙면을 취해 혈압이 내려가는 시간을 만들어주는 것이 좋다.

고혈압 환자를 위한 운동&마사지

꾸준히 하면 혈압 낮추는 운동

고혈압 환자가 운동을 하지 않은 채 혈압이 떨어지기를 바라는 것은 마치 복습과 예습 등 숙제를 게을리 하면서 학업성적이 오르길 바라는 것과 같다.

운동을 하면 일시적으로 숨이 차고 혈압이 상승하므로 이를 두려워한 나머지 운동을 기피한다면 혈압은 점점 더 오르게 된다.

운동 부족으로 콜레스테롤과 중성지방이 쌓이고 혈관 비만이 가속화되어 혈압이 상승하기 때문이다.

150~90mmHg 이하의 고혈압 환자들은 식이요법과 운동만으로 얼마든지 혈압을 조절할 수 있다. 대신 식이요법과 운동을 병행할 때 혈압이 떨어지는 효과를 더 크게 볼 수 있는데, 3~6개월간 꾸준히 운동을 하면 혈압을 20~30mmHg까지 떨어뜨릴 수 있다. 운동을 하게 되면 몸속에서 타우린(taurine), 도파민(dopamine) 등의 혈압 강하 물질이 많이 생성될 뿐만 아니라, 유연해진 모세혈관이 혈압을 내린다.

운동 1 걷기, 등산, 계단 오르기, 가벼운 조깅을 하라!

고혈압 환자에게 좋은 운동은 편안하게 오래 할 수 있는 유산소운동이다. 유산소운동이란 숨을 편안하게 들이시고 마시면서 천천히 지속할 수 있는 운동으로 걷기, 수중 워킹, 실내 자전거 타기, 등산, 계단 오르기, 가벼운 조깅, 태극권, 체조, 스포츠 댄스 등이 대표적이다. 처음 2주간은 한 번에 30분 이상, 일주일에 5회 이상 꾸준히 해본다. 이런 속도로 하다가 운동이 친숙해지면 한 번에 1시간 이상으로 늘린다.

운동 2 잠들기 전 손발을 100회 이상 흔들어라!

손과 발에는 각 내장들과 연결된 미세혈관들이 집결되어 있다. 손과 발을 심장보다 높게 들고 흔들어주는 모관운동은 혈액순환을 좋게 하여 고혈압을 내리는 효과가 있다.

모관운동은 누워서 양발과 양팔을 올리고 아주 작은 범위에서 양발과 양팔을 흔들어주는 운동으로, 매일 100회 이상 하면 혈압을 떨어뜨리는 데 도움이 된다.

운동 3 제기차기, 훌라후프 돌리기에 재미를 들여라!

따로 시간을 내 헬스나 등산 등을 하기 곤란하다면 제기나 훌라후프 등을 준비해놓고 TV를 볼 때 등 틈틈이 하는 것도 큰 운동이 된다. 훌라후프를 20분 정도 하면 100kcal를 소모할 수 있고 제기차기 100번은 줄넘기 500번과 맞먹는 운동 효과를 볼 수 있다. 고혈압 환자에게 좋은 운동량은 등에서 땀이 배어나는 정도가 가장 적당하다.

운동 4 가사노동은 운동이 아니다!

혈압이 높은 여성들 중에는 집안일을 하는 것이 큰 운동이라며 빨래, 청소 등을 운동 대신인양 위안을 삼으려는 경우가 있는데 이는 착각이다. 집안일은 몸을 혹사시키는 노동에 불과하므로 멀리 집 밖에 나가 운동하기가 귀찮다면 15층 이상의 아파트 계단을 3회 이상 오르내려도 운동 효과를 볼 수 있다.

두뇌를 맑게 하고 고혈압 예방에 좋은 마사지

마사지 1 귓불 잡아당기기

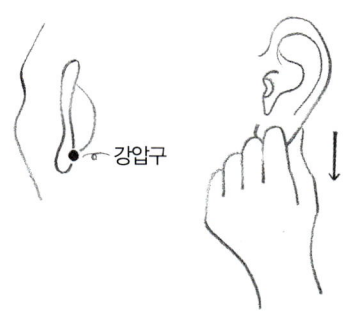

일시적 흥분이 원인이 되어 혈압이 상승한 경우에는 귀 마사지만으로 충분한 효과를 볼 수 있다. 귓바퀴의 뒷면을 만져보면 움푹 팬 곳이 있는데 이곳을 '강압구'라고 한다. 강압구에 엄지손가락을 대고 귀 표면을 검지로 눌러준 채 귓불의 밑 부분까지 쓸어내리며 잡아당긴다. 양쪽 귀를 동시에 10회 정도 반복한다.

귓불을 당겨주면 뒷목 부위의 혈액순환을 원활하게 해주고 뒷목이 뻣뻣해지는 증상을 개선해준다. 아침에 잠자리에서 일어나기 전 귓불 잡아당기기를 하면 하루 종일 맑은 정신으로 생활할 수 있다.

마사지 2 백회혈 누르기

백회혈은 머리의 정중선에서 가장 오목한 곳이다. 잠자리에 들기 전 이곳을 손가락 끝으로 세게 3회 이상 누른다. 한 번 누를 때 1, 2, 3, 4, 5를 센다. 머리가 맑지 못할 때 하면 효과적이다.

마사지 3 머리 마사지

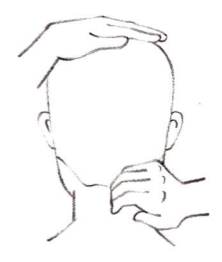

한 손으로는 정수리 중앙(백회혈 부위)을 지그시 누른 상태에서 또 다른 손으로 목덜미 뒷부분의 움푹 들어간 양 부위를 쥐고 10회 이상 조였다 풀었다 하면서 마사지한다. 혹은 오른손 손바닥의 볼록한 부분을 정 중앙에 놓고 머리를 감싸듯 놓은 다음 가볍게 누른 채

천천히 시계 방향으로 10회 회전하고 다시 반대 방향으로 10회 회전한다. 머리 마사지는 잠들기 전에 하면 더욱 효과적이다.

마사지 4 관자놀이 문지르기

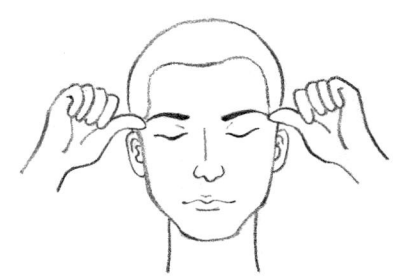

눈썹 끝에서 귀 쪽으로 수평 이동하면 움푹 들어간 부분이 느껴진다. 이 부위에 엄지손가락을 대고 가볍게 누르면서 천천히 시계 방향으로 15회씩 문지른다.

마사지 5 눈썹 누르기

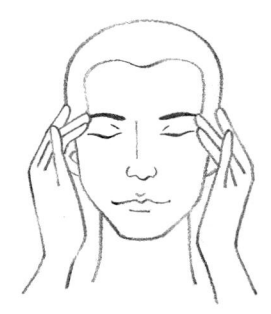

가운뎃 손가락을 눈썹 안쪽 끝에 대고 누르면서 눈썹을 따라 바깥 방향으로 마사지 한다. 잠들기 전 10회 이상 하면 눈의 피로를 덜어주면서 머리가 개운해짐을 느낄 수 있다.

마사지 6 머리 빗질하기

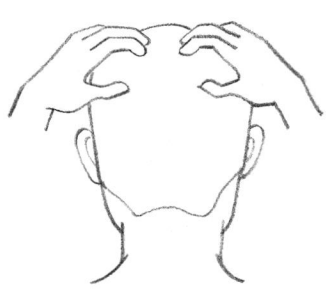

양 손가락을 이용해 머리 중앙에서 시작하여 목 뒤쪽으로 빗질하듯 힘차게 쓸어주는 동작을 30회 반복한다. 머리는 내장과 연결되는 경락들이 흐르는 집결지이기 때문에 혈액순환에 도움이 되는 마사지이다.

고혈압 환자를 위한 쾌변법

고혈압 환자가 변기에 앉아 한번 세게 힘을 줄 때 혈압이 50~100mmHg 이상이나 올라갈 정도로 급상승하므로 평소에 변비에 걸리지 않도록 음식과 생활법에 주의해야 한다. 변비를 예방하는 데 가장 중요한 것이 변의(便意)를 참지 않는 것이다.

변을 참으면 수분이 장 안으로 흡수되어 변이 점점 딱딱해져 변을 보기가 아주 힘들어진다. 따라서 몸이 배변 신호를 보내오면 곧바로 화장실로 달려가는 습관을 기르는 것이 중요하다. 또한 아침에 일어나면 찬물이나 우유를 1잔씩 마시고 규칙적인 시간에 배변을 보는 습관을 갖는다.

특히 고혈압 환자는 배변을 한 뒤 변기에서 갑자기 일어서지 않도록 한다. 배변을 보고 나면 바로 혈압이 강하되기 때문에 일어서는 순간 극심한 어지럼증을 일으키는 '기립성 저혈압'을 일으켜 심한 현기증을 유발할 수 있기 때문이다. 따라서 변을 본 다음 3~4차례 심호흡을 한 후 변기에서 일어난다.

혈압 상승 막는 쾌변의 법칙

1 변의를 참지 않는다.
2 일을 다 본 후 3~4차례 심호흡을 크게 한 다음 변기에서 일어난다.
3 아침에 일어나면 찬물이나 우유를 1잔씩 마신다.
4 규칙적인 시간에 배변을 하는 습관을 갖는다.

반드시 습관화해야 할
혈압 유지 건강 목욕법

고혈압 환자를 위험으로 내모는 것은 급격한 온도 차이다. 목욕 전후에는 혈압이 변화하기 쉽고 욕실과 탈의실의 온도 차가 있으면 뇌·심장질환의 발작을 일으킬 위험이 매우 높아진다. 따라서 혈압을 유지하는 목욕법도 익혀두자.

목욕 시간은 15~20분

목욕은 혈액순환을 원활하게 해 피로를 풀어주지만 고혈압 환자의 경우 장시간 목욕탕에 있는 것은 좋지 않다. 고혈압 환자에게 적당한 목욕 시간은 15~20분 정도. 뜨거운 탕 안에 몸을 담글 때에는 5분을 넘기지 않는 것이 좋으며 한증막이나 불가마 등에는 들어가지 않는 것이 안전하다.

물의 온도는 따뜻한 느낌이 드는 38도

목욕 시 고혈압 환자에게 가장 적당한 물의 온도는 따뜻한 느낌이 드는 38도 정도이다. 물의 온도가 40도 이상 되면 심박 동수가 증가하여 20~30mmHg 정도 혈압이 상승하므로 주의한다.

목욕법은 반식욕이 효과적

탕 속에 어깨까지 깊게 담그는 것은 고혈압 환자에게 해롭다. 순간적으로 심혈관에 부담을 주어 심장에 부화를 주게 된다. 고혈압 환자에게 최상의 목욕법은 양손을 탕 밖으로 빼낸 자세의 반신욕이다.

온탕·냉탕을 번갈아 드나드는 행위는 금물

혈액순환에 좋다고 하여 온탕과 냉탕을 번갈아 드나드는 것은 고혈압 환자에게 자살 행위나 다름없다. 이는 심장마비를 일으키는 주요 원인이기도 하다.

탕에서 나올 때는 천천히

뜨거운 물속에 있으면 혈관이 확장되어 혈압이 떨어지기 때문에 갑자기 일어나면 머리가 핑 도는 느낌의 뇌허혈(腦虛血)이 일어나기 쉽다. 고혈압 환자는 탕에서 천천히 일어나 나오도록 한다.

급격한 온도 차를 줄이는 목욕법

1 탕에 들어가기 전 발을 따뜻한 물에 담가 충분히 뜨겁게 한 후 몸을 담근다
갑작스러운 온도 차는 혈관을 수축시켜 혈압을 상승시키므로 온탕에 들어갈 때에도 갑자기 몸을 담그지 말고 발만 담가 뜨거운 온도에 충분히 익숙해진 다음 담근다.

2 탈의실로 가기 전에 타월로 몸의 물기를 닦는다
목욕을 한 후 알몸 상태로 탈의실로 가면 급격한 온도 차로 혈관이 수축되어 순간적으로 혈압이 오를 수 있다. 욕실에서 타월로 물기를 닦아내고 탈의실로 향하도록 한다.

고혈압 환자의 건강한 성생활

부부생활은 고혈압 환자에게 좋을까, 나쁠까?

개인마다 성생활의 질에 대한 생각이 다르겠지만 복상사를 당할 정도로 가슴이 심하게 두근거리거나 숨이 차서 괴로울 정도가 아니면 적당한 수준의 성생활은 나쁘지 않은 것으로 알려져 있다.

그렇다면 남성이 사정할 때 혈압은 어느 정도나 상승할까? 최고혈압이 170~180mmHg인 남성을 대상으로 사정 시 혈압을 측정해보니 260mmHg까지 상승했으며, 200mmHg인 남성은 300mmHg까지 상승하였다는 보고가 있다. 또한 평소 혈압이 120~80mmHg로 정상인 남성이 사정 시에는 250~120mmHg까지 상승하였다.

여성의 경우는 평소 혈압이 110~80mmHg인 여성이 오르가슴시에는 160~100mmHg까지 상승하였다는 연구 결과가 있다. 그리고 남성이 여성에 비해 혈압 상승폭이 훨씬 높은 것으로 나타났다. 통계적으로 남성이 사정할 때 혈압은 평소 혈압 보다 최저혈압은 30~80mmHg, 최고혈압은 20~40mmHg 상승한다.

적당한 성생활은 고혈압 치료에 도움이 된다

고혈압 환자에게 규칙적인 성생활은 몸의 전반적인 혈액순환을 원만하게 이끌어 치료에 도움이 된다. 일주일에 1회 정도, 경우에 따라서는 한 달에 한 번도 좋다. 중요한 것은 절대 무리하지 않는 선에서 규칙적인 성생활을 갖는 것이다.

남성들의 경우 고혈압 증상이 오래 있다 보면 성기를 감싸는 해면체 활동이 무뎌져서 발기부전을 겪게 되거나 일부 혈압 약 중 발기에 장애를 주는 경우도 있으므로 부부간의 노력이 필요하다. 즉 성생활을 통해 어떤 쾌락을 추구하는 것보다는 애정을 바탕으로 한 합일치점을 파트너와 나누는 것이 바람직하다.

성생활은 근본적으로 혈압 수치를 상승시키기 때문에 성생활의 주도권을 고혈압이 있는 남성이 이끌기보다는 여성이 상위 자세를 취하여 사정을 이끄는 등 파트너와의 충분한 교감을 갖는 것이 중요하다.

반면 발기부전 상태인 고혈압 환자가 성생활을 위해 함부로 약물을 복용하는 것은 삼가야 한다. 자칫하면 심장마비 등 부작용을 초래할 수 있기 때문에 심장 질환을 앓고 있는 경우 위험 요인이 될 수 있다. 또한 혈압이 높은 사람이 체력에 상관없이 너무 자주 성생활을 하는 것은 복상사 등 치명적인 결과를 초래할 수 있으므로 주의가 필요하다.

그 밖에 고혈압 환자가 성생활을 할 때에는 침실의 온도 등에도 신경을 써야 한다. 너무 더운 곳보다는 약간 서늘한 느낌이 드는 곳이 좋으며, 알코올은 와인 1잔이라도 입에 대지 않은 상태에서 하는 것이 안전하다.

일 년 내내 일정한 혈압을
유지하는 비법

아침에는 높던 혈압이 밤에 떨어지는 원리와 같이 혈압은 계절에 따라서도 큰 차이가 난다. 더운 여름철에는 혈관이 이완되기 때문에 혈압이 떨어지고 추운 겨울에는 혈관이 팽창되기 때문에 혈압이 상승하게 된다. 특히 아침과 저녁의 기온 차가 10도 이상 벌어지는 환절기에는 혈압이 하루 종일 요동을 치므로 고혈압 환자의 경우 특히 조심해야 한다. 이는 우리 몸의 혈액과 혈관이 바깥 온도의 영향을 크게 받는다는 증거로, 고혈압 환자의 경우 계절에 따른 온도 변화에 따라 혈압 상승을 막는 대책을 세워야 한다.

봄·여름 기온이 올라가는 봄과 여름은 혈관이 확장하여 혈압이 내려가는 시기이다. 고혈압 환자의 경우 일 년 중에 컨디션이 가장 좋은 시기라고 할 수 있다. 그러나 더운 계절인 만큼 필요 이상의 열이 몸 안에 축적되지 않도록 유의해야 한다. 열은 곧 스트레스와 같은 영향을 미쳐 혈압을 갑자기 치솟게 할 수 있다.

땀이 많이 나는 시기이므로 체내 수분이 고갈되지 않도록 물을 자주 마시도록 한다. 물을 마시면 수분 부족으로 인한 혈액의 응고를 막아 혈액순환이 원활해진다. 그래서 고혈압 환자는 운동으로 땀을 흘렸을 때나 목욕 후, 술을 마신 다음에는 충분한 수분이 보충되도록 더욱 신경을 써야 한다. 특히 음주 후에 갈증을 느끼는 경우가 많은데, 이는 알코올의 이뇨 작용으로 체내 수분이 고갈되기 때문이다. 따라서 술은 가급적 마시지 않는 것이 좋으나, 어쩔 수 없이 마시게 된 경우에는 음주 후 탈수를 일으켜 위험한 사태가 벌어지지 않도록 물을 충분히 마셔야 한다.

그리고 밤중에 자다가 깨어 화장실에 가는 것이 귀찮아 자기 전에 물이나 음료를 제한하는 사람도 있으나, 고혈압 환자는 수분을 극단적으로 자제할 경우 오히려 몸에 더 해롭다는 사실을 잊지 말아야 한다.

물은 식사와 식사 사이에 고혈압을 떨어뜨리는 차를 마시는 습관을 들이고, 운동을 한 후에는 스포츠 음료를, 술을 마신 후에는 차를 마시는 것이 좋다.

가을 겨울 기온이 내려가면 혈관도 고무줄처럼 수축되면서 혈압은 올라간다. 뇌출혈 발생이 증가하는 시기이므로 혈관에 문제가 많은 고혈압 환자들은 조심해야 한다.

특히 추운 계절에는 따뜻한 실내에 있다가 갑자기 밖으로 나가는 일을 삼가야 한다. 이른 아침 운동은 절대 피해야 하며, 현관에 있는 신문이나 우유를 가지러 나갈 때에도 겉옷이나 양말 등으로 몸을 따뜻하게 감싸 갑작스러운 혈관 수축으로 인한 혈압 상승을 막아야 한다.

늦가을과 겨울에는 실외 운동도 가급적 피하는 것이 좋다. 에스컬레이터나 엘리베이터대신 계단 이용하기, 텔레비전 보면서 스트레칭하기 등 일상생활 속에서 운동량을 늘릴 수 있는 방법을 활용한다.

겨울철, 혈압 상승 막는 방책

추운 겨울, 혈압 걱정 없이 보내는 8가지 법칙!

혈압은 아침에는 올라가고, 잠들기 전에는 내려가며, 여름에는 내려가고 겨울에는 치솟는다. 이렇게 시간대, 계절에 따라 혈압이 오르락내리락하는 이유는 혈액이나 혈관이 실온, 기온의 영향을 쉽게 받기 때문이다. 특히 긴장해야 할 시기는 '겨울'로 온도가 내려가면 혈관이 수축하여 혈압이 상승한다. 겨울 추위는 혈관을 수축시켜 혈압을 치솟게 하므로 고혈압 환자는 각별한 주의가 필요하다.

1 외출 시 내복과 덧옷을 껴입어 몸을 따뜻하게 한다

고혈압 환자에게 추위는 혈관을 수축시켜 혈압을 치솟게 한다. 겨울에는 혈관의 수축력이 떨어져 뇌출혈 등 위급한 상황을 초래할 수 있다.

아침에 신문이나 우유를 가지러 나갈 때에는 반드시 양말과 덧옷을 입는다. 또 쓰레기를 버리거나 가까운 슈퍼마켓에 갈 때에도 코트와 장갑, 머플러를 잊지 않는다.

2 오전에 잰 혈압 수치가 높으면 외출을 삼간다

혈압이 높은 날은 그만큼 혈액순환이 나쁘다는 표시이다. 이런 날은 외출을 자제하고 몸을 따뜻하게 하여 혈액순환을 돕는 것이 혈압 안정에 도움이 된다.

3 실내 운동을 한다

겨울철 새벽 운동이나 등산은 고혈압 환자에게 해로우므로 가급적 온도차가 적은 실내 운동을 한다.

4 다용도실, 욕실에 갈 때에도 보온에 신경 쓴다

온도 차에 의해 혈관이 갑자기 수축되어 혈압이 오를 수 있기 때문에 아무리 집안이라고 해도 온도가 낮은 다용도실이나 욕실에 갈 때에 몸을 따뜻하게 한다.

5 연말연초인 12월과 1월에는 술을 끊는다

건강한 사람이라도 겨울철 과도한 음주는 혈관에 부담을 주어 뇌출혈 등을 일으킬 수 있다. 시기적으로 술 모임이 많을 때이지만 고혈압 환자의 경우에는 그 어느 때보다도 술을 자제해야 한다.

6 2~3일에 한 번은 꼭 혈압을 잰다

추울 때에는 혈압 변동이 더 심해질 수 있으므로 2~3일에 한 번씩 정해진 시간에 혈압을 체크하여 140~90mmHg 미만을 유지한다.

7 잠들기 전에 족욕을 한다

욕실이 추워 몸에 물을 적시기 부담스러울 때에는 족욕을 한 후 잠자리에 들도록 한다. 15~20분 이상 하면 몸이 후끈해지면서 혈액순환이 원활해진다.

4week Food Therapy

Part 3

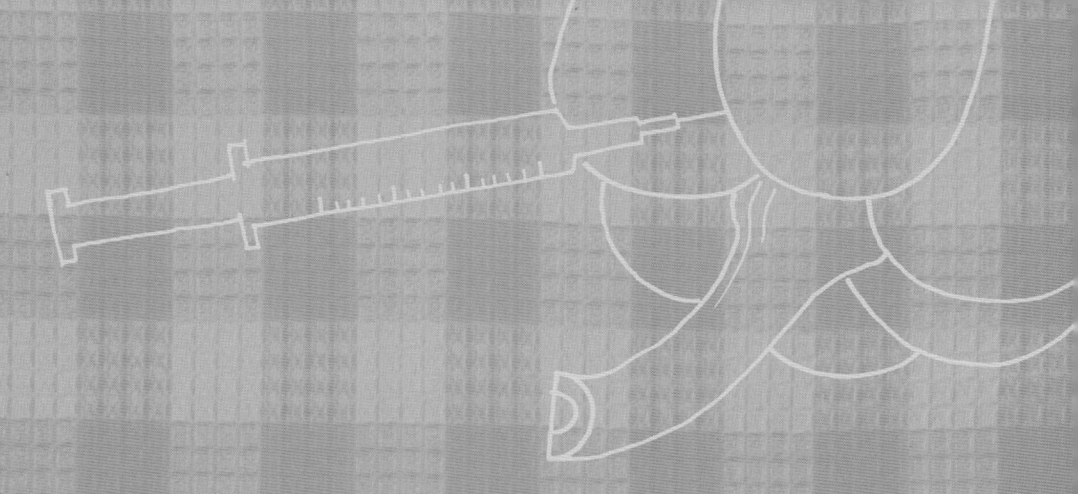

고혈압을 잡는
4주 음식치료를
하자!

고혈압 환자라고 하여 모든 음식을 싱겁고 맛없게 먹을 필요가 없다.
고혈압 환자가 맛있게 먹으면서 혈압을 내리기 위한
실천법을 좀 더 구체적이고 세부적으로 제공하는 프로그램이
4주 음식치료이다. 이 장에서는 고혈압 환자에게 좋은 식재료,
소금을 적게 사용하고도 맛있는 저염 · 저칼로리
식단 짜는 법과 음식치료 초보자용 일주일 식단 제안,
현명한 외식법 등을 소개한다.

혈압을 낮추는 음식 섭취 10계명

1 찌개 · 국 · 탕류를 먹을 때에는 건더기 위주로 먹어라!

모든 국과 찌개의 맛을 내는 기본은 간장과 소금이다. 건더기에 양념까지 하여 국이나 찌개에 넣게 되면 염분이 국물에 녹아들어 염도는 더욱 높아지게 된다. 염도를 낮추기 위해서는 끓이기 전에 간을 맞추어야 한다. 뜨거울 때에는 짠맛이 잘 느껴지지 않기 때문이다.

2 포만감이 느껴지면 숟가락을 내려놓아라!

과식을 하게 되면 혈관의 압력이 높아지게 된다. 과식과 폭식은 평소 혈압이 높은 사람이 뇌출혈이나 심장마비 같은 질환으로 화를 당하는 이유가 되기도 한다.

3 가공식품은 부엌에서 치워버려라!

어묵, 햄, 소시지 등의 가공식품은 오랫동안 먹을 수 있도록 제조 과정에서 소금을 많이 넣고 절이게 되므로 고혈압 환자에게는 독이나 다름없다.

4 하루에 꼭 한 번은 과일을 먹어라!

대부분의 과일에는 몸속의 염분을 제거하고 혈관을 튼튼하게 하는 칼륨 등의 좋은 성분들이 많으므로 고혈압 환자의 경우 하루 한 번 이상은 꼭 섭취해야 한다.

5 기호식품을 멀리하라!

커피, 술, 담배 등의 기호식품은 몸속으로 들어가면 온몸의 혈관을 돌면서 피를 탁하게 만드는 주범이므로 피해야 한다.

6 하루 한 끼 이상은 집밥을 먹어라!

바깥 음식은 간편하게 맛을 내기 위해 조리 과정에서 소금과 조미료를 많이 넣는다. 이런 음식들을 무분별하게 먹다 보면 식이요법을 중심으로 혈압을 떨어뜨리는 음식치료를 실천하기 어렵다.

7 외식을 할 때에는 꼼꼼한 사감 선생님이 돼라!

바깥에서 사 먹는 음식을 피할 수 없는 환경에 있는 사람들은 단골식당을 정해놓고 음식의 간은 싱겁게, 화학조미료는 넣지 말아 달라고 주문하여 먹는 것이 좋다.

8 혈압을 낮추는 식품 한두 가지를 꾸준히 섭취하라!

음식치료의 효과를 확실히 보려면 혈압 강하에 좋은 음식을 정해놓고 매일, 혹은 일주일에 2~3회 정도 규칙적으로 섭취해야 한다.

9 채식 위주로 먹되 단백질 섭취를 게을리 하지 마라!

고혈압 환자가 저지르기 쉬운 실수 중에 하나가 편식이다. 혈압이 높을수록 균형 잡힌 식사가 더욱 중요하다. 신선한 채식 위주로 밥상을 차리되 단백질 섭취도 신경 써야 한다.

10 튀긴 음식은 건강의 적으로 선언하라!

포화지방이 많은 기름에 튀긴 음식은 혈관 비만을 일으켜 혈압을 상승시킨다.

고혈압 환자에게 자살 행위나
다름없는 8가지 식품

라면　간식으로 즐겨 먹게 되는 라면은 영양적으로 불균형하며, 칼로리와 염분 함량이 매우 높기 때문에 섭취를 자제하는 것이 좋다. 라면 1봉지에 들어 있는 염분 함량은 5g 정도. 만약 매우 짠 라면국물에 밥까지 말아먹는다면 고혈압 환자에게는 '자살 행위'나 다름없다.

어묵　어묵에는 염분 함량이 아주 높다. 보통 어묵 1개(100g)에 들어 있는 염분 함량은 3g 이상이며, 간장이나 고추장 등으로 조려 먹을 경우 염분 함량은 더욱 높아진다.

마른 생선　멸치, 갈치 등 마른 생선은 염분 함량이 높다. 마른 멸치 5개에 들어 있는 염분 함량은 1g 정도. 마른 생선은 물에 여러 번 씻어내어 조리하고, 크기가 큰 생선은 소금기가 많이 묻은 비늘을 칼로 긁어 제거한다.

젓갈　한국인의 밥상에 김치만큼이나 친숙한 젓갈은 사실 소금덩어리와도 같다. 일반적으로 젓갈 한 숟가락과 명란젓 50g에 들어 있는 염분 함량은 2g이나 된다. 그런데도 명란젓이 먹고 싶어 견딜 수 없다면 냄비에 물을 넣고 쪄서 국물은 따라내고 명란젓만 먹는다.

단무지   단무지 1쪽의 염분 함량은 1g 정도로 단무지 5쪽은 하루 염분 섭취량에 해당한다.

자반   생선이 아무리 몸에 좋다고 해도 소금에 절인 자반은 절대 피해야한다. 그러나 너무 먹고 싶을 때에는 생선을 살 때 소금을 아주 적게 뿌려 달라고 주문하고, 이미 소금이 많이 뿌려진 경우에는 물에 헹궈 소금기를 충분히 제거한 다음 조리해 먹는다.

튀김   튀김은 콜레스테롤을 만들어 혈관 비만을 유발한다. 고혈압 환자라면 닭튀김, 감자튀김 등은 입에 대지도 않는 것이 상책이다.

햄 소시지   햄이나 소시지 등의 가공식품에는 염분 함량이 높다. 일반적으로 프랑크푸르트소시지 1개에 들어 있는 염분 함량은 1g 정도이다. 그리고 최근 논란이 일고 있는 식품첨가물 문제에 자유롭지 못한 것이 가공식품이다. 식품첨가물이란 식품의 맛과 향을 좋아 보이게 하려고 색을 내거나, 보관과 가공을 쉽게 하기 위해 인위적으로 첨가하는 물질을 말한다.

발색제, 산미료, 조미료, 유화제, 산화방지제, 합성착색료 등 식품첨가물의 종류는 매우 다양하다. 그러나 문제는 체내로 들어간 식품첨가물의 50~80%는 호흡기나 배설기관을 통해 배출되지만 나머지는 몸속에 축적된다는 사실이다.

사용이 허가된 식품첨가물이라 해도 대부분 동물실험을 기준으로 결정되기 때문에 인체에 미치는 영향과는 차이를 보일 수 있다. 또 장기간 몸속에 축적될 경우 나타나는 부작용에 대해서는 고려하지 않고 있다는 점이 더 큰 문제이다.

고혈압을 치료하는 11가지 영양소

1 혈압을 내리며 나쁜콜레스테롤을 없애는 이소플라본

갱년기의 여성이 남성보다 고혈압에 걸리기 쉬운 이유는 여성호르몬의 차이 때문이다. 최근 고혈압 환자들이 주목해야 할 영양성분은 콩에 많이 들어 있는 '이소플라본(isoflavon)'. 콩에 많이 함유되어 있는 이소플라본은 여성호르몬인 에스트로겐과 같은 역할을 하여, 일산화탄소를 제거하여 혈압을 내리게 하며 나쁜 콜레스테롤을 감소시킨다.

이소플라본이 풍부한 식품

노란콩 · 검은콩 고혈압에 좋은 이소플라본, 사포닌 등을 함유하고 있는 노란콩은 영양 창고라 불릴 만하지만, 이보다 더 돋보이는 콩은 검은콩이다.

검은콩에는 혈압을 저하시키며 골다공증을 예방하는 이소플라본은 물론 이소플라본의 활동을 도와 혈압을 내려가게 하는 안토시아닌(anthocyanin)이 풍부하게 함유되어 있다.

검은콩에 많이 함유되어 있는 안토시아닌은 폴리페놀의 한 종류로 강력한 항산화력을 지니고 있다. 참고로 이소플라본은 열에 강하기 때문에 익혀 먹어도 괜찮다.

2 혈압 조절에 가장 중요한 아미노산

고혈압 환자를 위한 음식치료에서 소금을 멀리하는 만큼이나 중요한 것이 '질 좋은 단백질'의 적당한 섭취이다. 특히 단백질 중에서도 질 좋은 아미노산의 섭취가 필요한데, 그중에서도 라미닌(laminin)이란 영양소가 혈압 조절에 큰 기여를 한다.

질 좋은 단백질이 풍부한 식품

꽁치 동물성 지방을 경계해야 하는 사람들에게 적극 권장되는 식품이다. 꽁치의 단백질은 20%로 다른 생선들에 비해 월등하게 많다. 특히 꽁치에 포함된 필수아미노산은 달걀의 95%로 거의 완벽하다.

참치 대표적인 저지방·저칼로리·고단백 식품이다. 비타민 함량이 가장 많은 생선 중 하나이며 불포화 지방산이 풍부하여 고혈압 환자의 혈전 예방에도 큰 도움이 된다.

호박씨 단백질, 리놀레산, 비타민 B₁, 칼슘 등 고혈압 환자에게 유용한 영양소가 풍부하다. 특히 리놀레산은 콜레스테롤을 낮추고 혈액순환을 돕는다.

표고버섯 혈압을 떨어뜨리는 작용을 하며 양질의 섬유질이 많아 콜레스테롤이 몸 안에 흡수되는 것을 억제하는 역할을 한다. 따라서 고기 등 기름진 요리에 표고버섯을 넉넉하게 넣어 먹으면 콜레스테롤이 체내로 흡수되는 것을 크게 줄일 수 있다.

녹두 찬 성질이 강하고 노폐물을 제거하는 효과가 탁월해서 고혈압 환자들은 녹두 삶은 물을 약으로 사용하곤 하였다. 삶은 물을 약처럼 복용해도 좋고 청포묵 등 녹두를 재료로 한 식품을 반찬으로 먹어도 무방하다.

죽순 단백질이 풍부하여 피망이나 부추 등과 함께 들기름에 볶아 먹으면 마치 육류를 먹는 듯한 질감과 포만감을 얻을 수 있다. 섬유소와 펙틴(pectin) 등 노폐물을 제거하는 성분들도 풍부해 변비와 체중 감량에도 효과적이다.

게 혈압 약을 많이 복용하는 사람들은 간이 피로해지기 쉬우므로 간 해독에 좋은 식품도 함께 챙겨 먹는 것이 좋다. 게는 혈압을 안정시키고 동맥경화를 예방하며 간장에 누적된 독을 푸는 효과가 크다.
지방은 적고 단백질이 많은 게는 혈압이 높은 사람에게 여러모로 이로우므로 다양하게 조리해 먹는다.

굴 약알칼리성 식품으로 피를 맑게 하는 작용을 한다. 지방은 적으면서 단백질 함량은 풍부하여 강장제로 통한다. 특히 몸에 좋은 콜레스테롤로 불리는 고밀도 지단백이 풍부하여 동맥경화를 예방한다.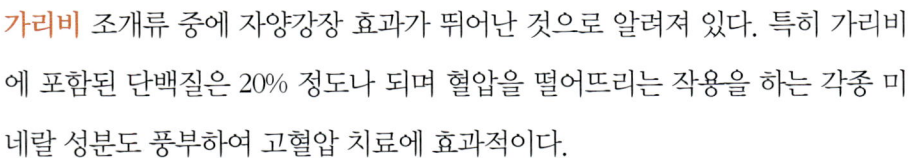

가리비 조개류 중에 자양강장 효과가 뛰어난 것으로 알려져 있다. 특히 가리비에 포함된 단백질은 20% 정도나 되며 혈압을 떨어뜨리는 작용을 하는 각종 미네랄 성분도 풍부하여 고혈압 치료에 효과적이다.

바지락 조개류 중에서 단백질 함량이 가장 높다. 또한 콜레스테롤을 배출하여 혈액순환을 원활하게 하는 타우린 성분이 풍부하여 혈압 조절에 도움을 준다.

3 몸속에 누적된 염분을 배출하는 칼륨

나트륨과 시샘 관계에 있는 '칼륨'은 고혈압 환자에게는 매우 중요한 영양소이다. 칼륨은 체내에 누적된 염분을 몸 밖으로 밀어내는 작용을 하기 때문에 고혈압 환자에게는 소금을 안 먹는 일만큼이나 칼륨이 풍부한 채소나 과일을 많이 섭취하는 것이 중요하다.

칼륨이 풍부한 식품

바나나 날마다 바나나를 1개씩 먹으면 고혈압 환자의 뇌졸중을 예방할 수 있다는 연구 결과가 있다. 특히 바나나에는 수면호르몬인 멜라토닌(melatonin)의 전 단계 물질을 생성하는 성분들이 풍부하여 혈압이 높아 숙면을 취하지 못하는 사람들이 꾸준히 먹으면 큰 도움이 된다.

셀러리 피를 맑게 하는 정혈 작용이 뛰어나다. 약에 의존해야 하는 중증의 변비에도 치료 효과가 좋고, 혈압 강하에도 효능을 발휘한다. 생으로 매일 조금씩 먹어도 되고 즙으로 갈아 꿀을 조금 가미해 마셔도 좋지만, 무와 함께 즙을 내서 마시면 혈압 강하에 더 좋은 효과를 낸다.

고구마 고구마를 먹을 때 김치를 곁들이는 것은 좋은 식습관이다. 고구마에 풍부한 칼륨 성분이 김치의 짠 성분을 몸 밖으로 배출시켜주기 때문이다. 고구마에 풍부한 비타민 C는 전분질에 싸여 있어 열을 가해도 거의 파괴되지 않는다.

뽕나무 혈압 치료에 있어 이뇨는 매우 중요하다. 뽕나무는 이뇨 효과가 탁월한 약재로 잎과 속껍질 말린 것을 뜨거운 물에 우려 차로 마시면 좋다. 하루에 한 줌 정도의 뽕나무 잎을 끓여 수시로 나눠 마신다.

감자 열을 내리면서 동시에 염분을 몸 밖으로 빼내는 작용을 한다. 혈압 치료를 목적으로 쓸 때에는 감자를 강판에 갈아 즙을 내어 공복에 먹는 것이 효과적이다.

목이버섯 탕수육을 먹을 때 흔히 볼 수 있는 검은색의 목이버섯은 혈압을 떨어뜨릴 뿐만 아니라 피를 맑게 해 뇌졸중 등의 합병증 예방에 효과적이다. 또 중금속 등 노폐물을 배출시키는 효과도 탁월하다.

다시마 칼로리가 낮은데다 무기질, 라미닌 등 혈압이 높은 사람에게 이로운 영양소가 많이 들어 있다. 맛이 짜면서도 나트륨 함량은 낮아 고혈압 환자의 음식을 조리할 때 소금 대신 사용하면 좋다. 마른 다시마를 빻아 먹으면 변비 해소에도 좋아 고혈압 환자에게는 여러모로 좋은 식품이다.

4 튼튼한 혈관을 만드는 비타민 C

고혈압 환자에게 비타민은 매일 섭취해야 하는 영양소인데, 그중에서도 '비타민 C'는 혈관을 강화시키는 역할을 한다. 혈압이 높으면 압력 때문에 혈관의 저항성이 떨어져 뇌출혈 등을 일으킬 수 있으므로 예방에 힘써야 한다.

비타민 C가 풍부한 식품

시금치 혈압이 높으면서 빈혈로 인한 어지럼증을 호소하는 사람은 시금치를 먹으면 좋다. 시금치는 천연 종합영양제로 불릴 정도로 각종 비타민과 철분, 무기질 등을 고루 갖추고 있다. 따라서 고콜레스테롤 음식을 가려 먹어야 하는 고혈압 환자에게는 이로운 식품이다.

무 혈관을 강화시키는 비타민 C와 소화효소들이 풍부하다. 소화가 안 되면 혈압이 더욱 오를 수 있으므로 무는 고혈압 환자에게 좋은 식품이다. 특히 무 껍질에 비타민 C가 많으므로 물에 깨끗이 씻어 껍질째 먹는 것이 좋으며 매일 무즙을 내어 공복에 2순가락씩 먹으면 좋다.

냉이 채소치고는 단백질 함량이 높은 편이며, 칼슘과 철분도 풍부한 알칼리성 식품이다. 지혈제로도 사용되어 모세혈관이 약해 출혈성 질환을 앓는 고혈압 환자에게 더욱 좋은 식품이다. 소화 작용을 돕는 효과도 커서 혈압이 높으면서 위장기능이 안 좋은 경우에 꾸준히 먹으면 좋다. 그 밖에 비타민 C가 풍부한 식품으로 감자, 고구마, 토마토, 브로콜리, 연근, 풋고추가 있다.

5 모세혈관을 강화시키는 비타민 B

고혈압이 있으면 혈관이 압박을 받아 혈관이 쉽게 망가지기 때문에 모세혈관 강화에 더 신경을 써야 한다. 모세혈관을 튼튼하게 하기 위해서는 '비타민 $B_1 \cdot B_2 \cdot B_6 \cdot B_{12}$'이 풍부한 곡류나 녹황색 채소들을 섭취해야 한다.

비타민 B군이 풍부한 그밖의 식품

양파 체내에서 혈전을 제거하는 역할을 담당하는 좋은 콜레스테롤을 증가시켜 고혈압 환자를 위한 음식치료에는 필수적인 식품이다. 양파의 한 성분인 유화프로필은 혈액 내 점도를 떨어뜨리고 혈관에 산소와 영양의 공급을 도와 동맥경화를 예방하는 데도 탁월한 효과를 발휘한다. 또 탁한 혈액이나 손상된 혈관을 치유한다.

미나리 칼슘, 철분, 비타민 $B_1 \cdot B_2$ 등 무기질과 비타민이 풍부한데다 알칼리성 식품이라서 혈액의 산성화로 빚어지는 성인병 예방에 좋다. 특히 고혈압으로 불면에 시달릴 때 혈압 강하 작용이 뛰어난 돌미나리를 즙을 내어 공복에 꾸준히 마시면 도움이 된다. 그 밖에 비타민 B군이 풍부한 식품으로 호박씨, 시금치가 있다.

6 혈관의 저항성을 높이는 루틴

'비타민 P'는 모세혈관을 튼튼하게 해주는 영양소로 '루틴(rutin)'이라 불리기도 한다. 모세혈관에 직접 작용해서 혈관의 저항성을 높여주기 때문에 혈관의 압력에 약한 고혈압 환자에게는 필수적인 영양소이다.

루틴이 풍부한 식품

호박 섬유소가 많아 혈중 콜레스테롤을 떨어뜨린다. 그리고 호박에는 노폐물을 배출시키는 펙틴과 이뇨 작용을 돕는 칼륨도 많아 고혈압 환자에게는 혈압을 낮추는 동시에 다이어트 효과까지 얻을 수 있다.
또 호박의 당분은 소화 흡수가 잘 되므로 위장이 약한 사람이나 회복기 환자의 밥상에 올리면 좋다. 늙은 호박, 애호박, 단호박 모두 약효 면에서는 거의 비슷하다.

메밀 모세혈관을 강화시켜주는 비타민 P의 일종인 루틴 성분이 풍부해 고혈압 환자에게 약이 되는 식품이다. 이 루틴 성분은 고혈압, 동맥경화 등에 효능을 지녔다.
메밀은 국수나 묵으로 먹어도 좋지만 혈압 강하를 위한 약용으로 쓰려면 메밀가루를 뜨거운 물에 타서 꿀을 섞어 마시면 좋다.

7 혈압안정, 혈전을 예방하는 타우린

'타우린(taurine)'은 혈압이 안정되도록 조절하고 혈전을 예방하는 작용을 하여 고혈압으로 인한 합병증 예방에 두루 필요한 영양소이다. 또한 고혈압 환자에게 흔히 나타나는 가슴이 두근거리며 뛰는 증상을 가라앉히는 효과가 있다.

타우린이 풍부한 식품

모시조개 단백질과 지질은 적지만 칼슘과 철분 함량이 높으며 호박산을 풍부하게 함유하여 감칠맛이 나는 모시조개. 혈압을 조절하고 노폐물을 제거해주는 타우린을 함유하고 있어 고혈압 환자에게 이로운 식품이다.

그 밖에 타우린이 풍부한 식품으로 바지락, 게, 굴, 문어가 있다.

8 합병증을 막는 DHA, EPA

고혈압의 주요 합병증인 동맥경화와 심장질환을 예방하는 데 꼭 필요한 영양소가 'DHA'와 'EPA'이다. 콜레스테롤을 감소시키고 뇌혈관에 혈전이 생기는 것을 예방하는 작용을 한다. 삼치, 참치, 꽁치 등 등푸른생선에 풍부하게 들어있는 영양소이다.

DHA와 EPA가 풍부한 식품

등푸른생선 삼치, 고등어, 꽁치, 청어, 방어, 정어리 등의 등푸른생선에는 콜레스테롤을 낮추는 DHA와 EPA가 풍부하다. 그래서 등푸른생선을 자주 섭취하는 에스키모인들은 동맥경화와 심장병에 잘 걸리지 않는다.

등푸른생선은 비린내가 심하므로 식초, 청주, 레몬 등을 사용해 비린내를 제거하고 먹는다.

9 혈압을 떨어뜨리고 배출시키는 라미닌

'라미닌'은 아미노산의 일종으로 혈압을 떨어뜨리는 작용을 한다. 특히 몸속 나트륨을 몸 밖으로 밀어내는 작용을 하여 고혈압 환자에게는 고마운 존재이다. 라미닌은 미역 등의 해조류에 많이 들어 있다.

라미닌이 풍부한 식품

미역 미역에 풍부한 라미닌은 혈압을 내리게 하는 효과가 크다. 특히 미역은 열량이 낮아 비만을 경계해야 하는 고혈압 환자에게는 안성맞춤이다. 특유의 끈끈한 성질을 만드는 물질 아르기닌(arginine)은  변비 해소에도 효과적이다. 그 밖에 라미닌이 풍부한 식품으로 가리비, 다시마가 있다.

10 장내 노폐물을 배출시키는 섬유소

양질의 '섬유소'는 장내 노폐물을 몸 밖으로 배출시키는 작용을 하여 고혈압 환자에게 이로운 성분이다. 체중 조절에 성공하려면 섬유소가 많이 든 식품을 반찬으로 활용하면 되는데, 섬유소는 목이버섯, 다시마, 미역, 호박, 고구마, 바나나, 표고버섯, 죽순에 많이 함유되어 있다.

섬유소가 풍부한 식품

표고버섯 버섯 중에 비타민의 함량이 가장 많으며, 콜레스테롤을 떨어뜨리고 칼슘의 흡수를 돕는 비타민 D의  생성에 관여한다.

11 활성산소를 없애는 항산화 물질

　일산화탄소는 혈관을 확장시켜 혈압을 내리는 역할을 담당하는데, 활성산소와 만나면 그 힘을 상실한다. 따라서 활성산소를 없애는 '항산화 물질' 을 자주 섭취하는 것이 좋다.

항산화 물질이 풍부한 식품

색깔 있는 과일 · 채소　토마토나 수박, 붉은 피망, 붉은 고추, 레몬, 가지, 시금치, 브로콜리, 오렌지 등의 색깔 있는 과일이나 채소에는 항산화 물질이 함유되어 있다. 이 항산화 물질은 이소플라본의 효과를 높이고 동맥경화의 진행을 억제시켜 혈압 상승을 막는다.

나트륨 사용을 줄이는 건강 조리법을 익히자!

1 저염 식단을 가족의 건강식으로 삼는다

고혈압 환자의 치료에는 가족의 협조가 최우선이다. 고혈압 환자에게 소금은 가공법에 상관없이 나쁘므로 가족이 한마음이 되어 소금을 멀리한 조리법에 입맛을 맞추는 노력이 필요하다.

2 간을 낼 때에는 천연조미료를 이용한다

고혈압 환자에게 소금이 해로운 것은 혈압을 높이는 나트륨때문이다. 그래서 몸에 해로운 소금을 사용하지 않고도 짭짤한 맛을 내는 조리법을 익히는 것이 중요하다. 나트륨은 적으면서 짠맛을 내는 다시마, 멸치 등 천연조미료를 활용하도록 한다. 국이나 찌개를 끓일 때에는 미리 만들어놓은 다시마 멸치국물을 사용하고, 나물무침에는 들깨가루 등을 이용하면 좋다.

3 짠맛을 억제시켜주는 식초를 듬뿍 넣는다

사람이 선호하는 오미(五味) 중에 신맛은 짠맛을 억제시켜주는 효과가 있다. 그래서 음식을 만들 때 식초 등으로 신맛을 돋우면 상대적으로 짠맛에 대한 유혹은 줄어들게 된다.

이때 양조식초보다는 곡물이나 과일로 만든 식초가 몸에 좋다. 식초 대신 사과나 레몬, 토마토 등 신맛이 나는 식재료를 사용하는 것도 한 방법이다.

4 올리브 오일, 참기름, 들기름 등 식물성 기름을 이용한다

동물성 기름은 혈관을 탁하게 하는 포화지방이 많기 때문에 콜레스테롤을 증가시키며 혈관을 비대하게 만든다. 반면 올리브 오일, 참기름, 들기름, 포도씨 기름 등 식물성기름에는 불포화 지방산이 많아 혈관을 깨끗하게 하는 작용을 한다. 과다 섭취할 경우 심장병, 동맥경화를 유발하는 중성지방이 포함된 마가린과 쇼트닝은 피해야 한다.

5 물리지 않고 먹을 수 있는 다양한 조리법을 개발한다

혈압을 낮추는 식품을 매일 혹은 일주일에 2~3회 이상 자주 먹으려면 무엇보다 싫증나지 않게 먹는 요령이 필요하다. 예를 들어 두부 한 모로 두부부침, 두부조림, 두부찌개, 두부샐러드 등으로 다양하게 조리해 먹을 수 있는 레시피를 익혀두는 것이 좋다.

6 육류 요리 시 고기와 채소의 비율은 1 : 2로 잡는다

칼로리가 높은 고기류는 고혈압 환자에게는 부담이 될 수 있다. 그렇다고 전혀 안 먹을 수도 없으니 조리할 때에도 요령이 필요하다. 가령 갈비찜을 만든다면 감자, 무, 당근, 브로콜리 등 채소를 고기보다 많이 넣어 먹으면 된다. 그 비율은 고기 1 : 채소 2이다. 또 고기 요리에는 신선한 채소 샐러드를 곁들여 먹는 식습관을 생활화한다.

7 찌개나 국의 간은 끓이기 전에 맞춘다

음식은 온도가 높을수록 짠맛이 덜 느껴지기 때문에 찌개나 국을 끓일 때에는 가열하기 전에 간을 맞추는 것을 원칙으로 한다. 또 너무 오래 끓이면 국물이 졸아 짠맛이 강해지니 주의한다.

8 해산물을 씻을 때는 소금기를 충분히 제거한다

고혈압 환자에게 이로운 식품인 굴, 조개, 해삼 등은 자체 소금기가 많기 때문에 조리 전에 여러 번 물로 헹궈 소금기를 충분히 제거해야 한다.

9 고기는 조리 전에 기름기를 깔끔하게 없앤다

기름기는 혈관 비만을 초래하고 혈압을 높이는 주범이다. 가령 사골국을 끓인다면 식었을 때 하얗게 떠오른 기름을 말끔히 거둬내고 먹어야 한다. 번거롭더라도 여러 번 끓이고 식히는 과정을 통해 기름기를 깨끗이 제거해야 혈압 상승을 막을 수 있다.

10 잡곡으로 만든 밥이나 빵을 먹는다

흰쌀이나 밀가루로 만든 밥이나 국수, 떡에는 혈압을 상승시키는 나트륨 성분이 많기 때문에 고혈압 환자는 쌀밥이나 국수를 멀리하고 잡곡밥이나 빵을 먹도록 한다.

현명한 외식으로
건강과 입맛을 동시에 잡는다

고혈압 환자에게 외식은 독과 같다. 사 먹는 음식은 대부분 칼로리가 높고, 맛을 위주로 조리하다 보니 조미료, 소금, 설탕 등이 적정량 이상으로 첨가된 것들이 많기 때문이다. 따라서 혈압이 높은 사람은 가급적 바깥에서 음식을 사 먹는 횟수를 줄이고, 어쩔 수 없이 외식을 해야 하는 경우에는 음식을 가려 먹는 수밖에 대안이 없다.

외식 메뉴 똑똑하게 고르는 법

1 불고기 · 삼겹살 등 고기류가 먹고 싶을 때

외식 메뉴의 상당 부분을 차지하는 고기를 먹을 때에는 가급적 살코기 부위만 골라 먹는다. 삼겹살을 먹을 때 비계 부분은 잘라내고 먹으며 양념한 고기보다는 생고기를 구워 먹는 것이 좋다. 특히 불고기 양념은 설탕과 염분이 많으므로 많이 먹지 않도록 한다. 닭고기는 닭튀김보다 삼계탕 쪽을 선택한다. 닭튀김은 칼로리도 높고 염분도 많아 고혈압 환자에게는 해롭다.

2 탕·칼국수 등 국물 요리가 생각날 때

국물이 주가 되는 음식에는 염분이 많이 들어 있다. 그러므로 국물 요리는 건더기 위주로 먹고 국물은 많이 먹지 않는다. 이왕이면 채소가 많은 국물류를 선택하거나 따로 채소를 추가해서 넣어 먹으면 염분을 낮추는 데 도움이 된다.

설렁탕은 소금을 치지 말아야 하며 딸려 나오는 김치나 깍두기도 조금만 먹는다. 면류일 때에는 칼국수, 우동, 라면보다는 메밀국수나 콩국수처럼 염분이 적으면서 밀가루가 아닌 재료의 국수 메뉴를 선택한다.

4 볶음밥·김밥 등 밥이 주가 되는 메뉴를 선택해야 할 때

밥이 주가 되는 볶음밥, 김밥, 돌솥비빔밥, 덮밥 등은 칼로리가 높고 짭짤한 맛을 내기 위해 소금이 많이 첨가되므로 아깝더라도 2/3정도만 먹는 것이 적당하다. 생선초밥을 먹을 때에는 콜레스테롤이 낮은 참치, 고등어, 광어 등을 선택하며 알 종류는 피한다. 이때 간장도 먹지 말거나 아주 조금만 찍어 먹는다.

5 패스트푸드가 입맛을 당길 때

패스트푸드는 고칼로리이며 염분이 많아 이것저것 나오는 것들을 다 먹었다가는 혈압 조절에 낭패를 보기 십상이다. 샌드위치가 햄버거보다 낫고, 햄버거를 먹을 때에는 튀긴 생선보다는 그릴에 구운 고기 버거를 선택한다. 감자튀김은 콜레스테롤과 혈압을 높이므로 입에 대지 않는 것이 상책이다. 음료는 인스턴트 주스나 탄산음료보다 우유나 블랙커피를 마신다. 피자는 두께가 얇은 것으로 1~2 조각 맛보는 선에서 끝낸다.

내 몸을 살리는 외식 수칙

1 튀긴 음식은 피해요 칼로리도 높고 혈관에 콜레스테롤과 중성지방 등을 쌓이게 해 비만을 초래하기 때문에 피하는 것이 좋다.

2 국물 요리는 건더기 위주로 드세요 국물의 간을 맞추는 데는 기본적으로 소금과 간장이 첨가되므로 국물은 남기고 건더기만 먹자.

3 칼로리가 높은 국수나 밥은 남겨요 쌀밥이나 칼국수, 자장면 등 면류는 칼로리가 높으므로 일정량은 남기고 먹도록 한다.

4 덮밥 등 일품요리는 피해요 덮밥 등 일품요리는 칼로리가 높기 때문에 고혈압 환자는 피하는 것이 좋다.

5 염분이 많은 음식은 남겨요 조림이나 찌개에는 소금이 생각보다 많이 첨가되기 때문에 남기는 것이 건강에 '남는' 것이다.

6 고기는 생으로 구워서 드세요 갈비를 먹는다면 양념갈비보다는 구워 먹는 생갈비가 훨씬 안전하다. 양념갈비나 불고기에는 설탕과 간장, 소금 함량이 많이 들어가기 때문에 고혈압 환자에게는 좋지 않다.

7 단무지는 1쪽만 드세요 단무지를 5개만 먹어도 고혈압 환자에게 제한된 하루 염분 섭취량을 다 먹는 셈이므로 절제가 필요하다.

8 반찬은 채소 위주로 드세요 대부분의 채소에는 나트륨을 배출하는 성분이 많이 들어 있으므로 지방이 많은 음식보다는 채소 위주로 먹는 것이 좋다.

9 곁들여 나오는 반찬은 조금만 드세요 집에서 먹는 음식이 아닌 이상 바깥 음식에는 소금과 설탕 등이 들어가므로 양을 조절해 먹어야 한다.

10 김치는 물에 헹궈 드세요 김치는 염분을 많이 함유하고 있는 반찬이니 만큼 조심해야 한다. 별도 접시를 준비하여 김치를 물에 살짝 헹궈 먹는 습관을 들이자.

맛있게 먹으며 혈압을 낮추는
4주 음식치료 프로그램

이제까지 고혈압 환자를 위한 각종 식생활법을 배워봤다. 하지만, 정작 하루 하루 어떻게 무엇을 갖춰서 골고루 먹어야, 음식치료의 효과가 나올지 답답할 것이다. 고혈압은 나쁜 생활 습관에서 비롯된 것인 만큼 좋은 식습관을 유지하려면 고혈압에 좋은 식단을 짜서, 장기간 규칙적인 음식치료를 하는 것이 중요하다. 이제 본격적으로 '4주 음식치료 프로그램(4week Food Therapy)'을 익혀보자. 여기서 제시하는 4주간의 주별 실천목표와 지침을 먼저 숙지한 후, 식단을 짜보고, 고혈압에 좋은 음식치료 요리를 만들어 보도록 하자.

4주 음식치료 프로그램		
주간	실천 포인트	실천 목표
1주차	소금과 칼로리 줄이기	소금 섭취량 하루 8g 미만 총칼로리 1800kcal
2주차	밥으로 열량 조절하기	소금 섭취량 하루 7g 총칼로리 1700kcal
3주차	소금 1g, 100kcal 더 줄이기	소금 섭취량 하루 6g 총칼로리 1600kcal
4주차	음식치료 습관화하기	소금 섭취량 하루 6g 미만 총칼로리 1500~1600kcal

1 week

고혈압인을 위한 1주차 음식치료 프로그램

행동 요령	첫 단추를 잘 끼워야 성공하는 법. 첫째 주는 새 학기를 맞이한 학생처럼 지침대로 실천해보겠다는 강한 의지가 필요하다.
실천 포인트	소금과 칼로리 줄이기, 이를 위한 식단 짜기
실천 목표	소금 섭취량 하루 8g 미만, 총칼로리 1800kcal
음식치료	소금을 하루 8g미만으로 줄이고, 1800kcal를 넘기지 않는 것이 포인트. 육류는 가급적 피하고 열량이 낮은 생선과 콩류로 단백질 섭취를 보충한다. 지금껏 흰쌀밥을 먹어왔다면 현미나 잡곡으로 입맛을 길들이는 훈련이 필요하다. 또 염분을 몸 밖으로 배출시켜주는 칼륨 성분이 풍부하면서도 쾌변을 유도하는 감자, 미역 같은 식품들을 골라서 다양한 조리법으로 자주 섭취하도록 한다. 김치는 백김치나 물김치를 이용하며 고춧가루에 절인 김치를 먹어야 할 때에는 물에 헹구어 먹는 습관을 기른다.

2 week

고혈압인을 위한 2주차 음식치료 프로그램

행동 요령	4주 음식치료를 성공적으로 마칠 수 있느냐의 기로에 놓인 한 주. 가급적 외식을 삼가고 집에서 음식치료를 실천하는 것이 좋다.
실천 포인트	밥으로 열량 조절하기
실천 목표	소금 섭취량 하루 7g, 총칼로리 1700kcal
음식치료	하루의 소금 섭취 함량을 7g으로 줄이고, 총칼로리를 1700kcal로 낮춘다. 성공 포인트는 밥에 있다. 흰쌀밥 대신 일주일 내내 현미나 잡곡밥을 먹는 것만으로도 염분 섭취량을 줄일 수 있다. 흰쌀이나 밀가루에는 나트륨이 많이 들어 있기 때문이다. 칼로리 조절도 밥으로 해보는데, 매끼 밥에서 1~2숟가락 정도 남기는 기분으로 먹는다. 외식을 해야 하는 경우에는 외식 수칙을 미리 살펴보고 실천한다. *외식수칙은 103~105쪽 참조

108

3
week

고혈압인을 위한
3주차 음식치료 프로그램

행동 요령	어느 경우에든 영양은 균형 있게 섭취해야 하므로 전체 칼로리 조절은 둘째 주처럼 밥으로 한다.
실천 포인트	밥으로 열량 조절하기
실천 목표	소금 섭취량 하루 7g, 총칼로리 1700kcal
음식치료	하루의 소금 섭취 함량을 6g으로 줄이고, 총칼로리를 1600 kcal로 낮춘다. 둘째 주에 실천했던 식단처럼 밥은 현미나 잡곡으로 통일하면서 둘째 주에 먹었던 밥 양에서 매끼 1숟가락만 덜 먹는 양으로 조절한다. 소금, 간장 등 간이 들어간 반찬은 한 끼 밥상에서 1가지에만 집중하여 넣는데, 가령 생선소금구이가 있으면 곁들이는 나물무침은 소금, 간장을 빼고 식초나 고춧가루로 무친다.

4 week

고혈압인을 위한 4주차 음식치료 프로그램

행동요령	3주간 실천한 음식치료 효과가 서서히 나타나는 시기이다. 현재 실천 중인 음식치료를 계속 습관화하는 것이 중요하다.
실천 포인트	음식치료 습관화하기
실천 목표	소금 섭취량 하루 6g 미만, 총칼로리 1500~1600kcal
음식치료	3주간 음식치료를 따라하다 보면 체중이 1kg 정도 감소하면서 몸이 가뿐해진 느낌과 함께 이뇨나 배변 활동이 한결 원활해짐을 느낄 수 있을 것이다. 그리고 혈압을 측정해보면 최고혈압이 5~20mmHg 정도 떨어진 것을 발견할 수 있다. 매일 섭취하는 소금 함량을 6g 미만으로 유지하면서 총칼로리는 1500~1600kcal를 초과하지 않도록 한다. 저염식·저칼로리 식사가 어느 정도 생활화되면 일주일에 1회 정도 살코기 위주로 쇠고기나 닭고기를 섭취해도 무방하다. 이와 함께 고혈압 치료에 약효가 뚜렷한 식품을 차나 주스로 만들어 하루 1~2잔씩 공복에 꾸준히 마시도록 한다.

고혈압 환자를 위한
저염·저칼로리 식단을 짜자!

신선한 재료로 입맛을 길들인다

저염식을 위해서 가장 먼저 실천해야 할 일은 밥상에 가공식품을 일체 올리지 않는 것이다. 통조림, 햄, 소시지, 어묵, 냉동만두, 냉동 돈가스 등을 비롯해 즉석 카레도 멀리하는 것이 좋다. 가공식품은 보관을 위해 만드는 과정에 소금이 많이 들어가기 때문에 맛은 크게 짜지 않아도 실제 첨가되는 소금양은 매우 많다.

따라서 가공식품의 짠맛에 혀를 민감하게 만들려면 신선한 채소나 생선 등을 매일 밥상에 올리는 노력이 필요하다. 신선한 재료로 만든 음식에 3개월 이상 입맛이 길들여지면 이후에는 가공식품을 억지로 먹으려 해도 혀가 먼저 거부하게 될 것이다.

자주 먹는 음식의 염분량을 체크한다

고혈압 환자를 위한 식단에서 가장 신경 써야 할 부분은 역시 싱겁게 먹는 것이다. 일반인들이 하루 섭취하는 소금양은 평균 15g 정도로, 고혈압 환자의 경우 6~7g으로 절반으로 줄여야 한다. 소금이 많이 들어가는 반찬은 치우고 염분량을 조절할 수 있는 반찬이나 조리법으로 바꾼다. 가령 소금이 많은 젓갈류나 김치를 빼고 상대적으로 소금이 적게 들어가는 백김치를 상에 올린다. 고등어 자반구이 대신 생고등어를 물에 여러 번 헹군 다음 무를 듬뿍 썰어 넣고 심심하게 조림을 하여 먹으면 염분량을 4~5g 정도 감소할 수 있다.

소금 대신 직접 만든 천연조미료를 활용한다

자주 먹는 김치찌개, 된장찌개 등 찌개나 국의 간을 맞출 때 소금이나 간장 대신 다시마, 멸치, 표고버섯 등으로 만든 조미료를 사용한다. 또 천연조미료를 넣어 만든 국물이라고 해도 국과 찌개의 국물은 적은 듯 담는다.

반찬 가짓수를 푸짐하게 올린다

고혈압 환자에게는 염분이나 칼로리 등의 절식에 의한 스트레스가 있다. 스트레스를 일부 해소하기 위해 반찬이라도 가짓수를 푸짐하게 올리는 요령이 필요하다. 보통 3~4가지의 반찬을 올렸다면 혈압을 낮추는 데 효과적인 채소를 중심으로 5~6가지로 늘린다.

짠맛을 잊게 하는 조리법을 많이 알아둔다

불고기를 만든다면 양념을 만들어 놓았다가 먹기 직전 재워 먹고, 생선을 조릴 때에는 간장이나 설탕 대신 생강이나 와인, 청주, 레몬 등을 풍부하

2900mg 칼국수 1그릇

2100mg 우동, 라면 1그릇
2000mg 소금 5g

1800mg 물냉면 1그릇

1500mg 자반고등어찜 1토막

1300mg 피자 1조각(200g)

1000mg 배추김치 100g(10조각)
950mg 된장찌개 1그릇
900mg 참치 김치찌개 1그릇, 더블버거 1개(200g)
800mg 햄 3조각(60g)
750mg 배추된장국 1그릇
650mg 김밥 1줄, 멸치볶음(멸치 15g)
600mg 돼지불고기(등심 50g), 동치미 1그릇, 오징어젓갈 15g
500mg 롤케이크 2조각, 감자칩 1봉지
200mg 치즈 1 조각(20g)

*식품의약품안전청 – 식품영양 가이드 나트륨편

게 사용한다. 볶음 요리에는 소금 대신 후춧가루나 겨자소스 등 향신료를 넉넉하게 쓰면 소금 사용량을 줄일 수 있다.

생선은 구이보다 찜으로 먹는다

생선에는 불포화 지방산이 많아 혈관을 튼튼하게 해주지만 조리법에 따라 독이 될 수도 있다. 튀김이나 구이는 염분량이 많고 칼로리도 높아지기 때문에 쪄먹는 것이 유리하다.

소금에 절인 생선을 사용하는 대신 싱싱한 생선을 사다가 물에 여러 번 헹궈 염분을 충분히 제거한 다음 양파, 감자, 무 등 몸속 나트륨을 배출시키는 효능을 지닌 채소를 듬뿍 넣고 쪄 먹는다. 생선을 구이로 먹을 때에는 소금을 뿌리지 않고 구운 다음 먹기 직전 간장과 레몬즙을 섞어 살짝 뿌려 먹는다.

열량은 밥으로 조절한다

고혈압 환자에게 열량 조절은 염분만큼이나 중요하다. 비만은 혈관에 부담을 주어 혈압을 상승시키는 요인이 된다. 그러면서도 균형 잡힌 식사를 해야 하기 때문에 열량 조절은 밥으로 하는 것이 가장 안전하다.

고혈압 환자의 경우 매끼 밥의 양은 2/3공기로 정한다. 또한 쌀밥 대신 현미, 흑미, 보리 등 잡곡밥을 먹기만 해도 하루 200kcal 이상 줄일 수 있다.

혈압 상승을 억제하는 식품을 적극 활용한다

식사로 인해 나트륨 섭취가 증가해도 칼륨이 풍부하면 나트륨을 몸 밖으로 빼내 혈압의 상승을 막을 수 있다. 칼륨은 고구마, 양파, 양배추, 미역, 토란, 죽순, 두부, 시금치, 깻잎, 셀러리, 부추, 바나나, 토마토, 멜론, 키위 등 각종 채소와 과일에 많이 함유되어 있다. 칼륨은 비타민과 달리 가열해도 파괴되지 않는다.

*혈압 상승을 억제하는 재료는 90~99쪽 참조

혈압 낮추는 저염·저칼로리 건강 밥상

김치는 심심하게

한국인의 밥상에서 염분이 가장 많은 음식의 대표격인 김치. 심심하게 담가 먹거나 백김치, 저염식 과일물김치를 담가 염분 섭취량을 줄이는 것이 중요하다.

양념이 강한 배추김치

소금, 후춧가루는 밥상에서 멀리

이미 조리된 음식에 소금이나 후춧가루를 첨가하지 않는다. 조리할 때 고춧가루나 카레가루 등의 향신료를 사용하면 소금을 사용하지 않고도 맛을 낼 수 있다.

고기는 살코기 위주로

고혈압이라고 해서 고기를 먹지 말라는 것은 아니다. 그러나 자극적인 갖은 양념을 한 불고기나 양념을 하지 않고 구웠어도 소금에 찍어 먹는 고기는 염분 섭취량을 늘리는 지름길이다. 고기는 지방을 잘라내거나 삶아 떼어내어 살코기 위주로 먹어야 한다.

흰쌀밥

흰쌀밥 대신 잡곡밥

흰쌀밥보다는 현미, 보리, 콩, 흑미, 팥, 수수, 조 등을 섞은 잡곡밥을 먹는다. 농협에서 운영하는 마트에 가면 10가지 이상의 잡곡이 혼합된 것이 있는데 이를 이용하면 편리하다.

소금 덩어리 젓갈도 멀리

젓갈에는 많은 염분이 들어 있어 멀리하는 게 건강을 지키는 비결이다.

장아찌 대신 나물반찬

장아찌는 담글 때 많은 양의 소금이 사용된다. 소금덩어리인 장아찌 대신 비타민과 식이섬유가 풍부하여 변비를 예방하는 나물을 올린다.

오징어젓갈

깻잎 장아찌

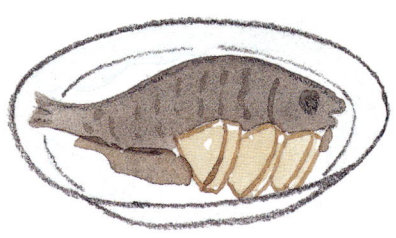

양념이 강한 양념 불고기

찐 생선 올리기

불포화 지방산이 풍부하여 몸에 좋은 생선은 조리법에 특히 신경을 써야 한다. 가장 건강한 조리법은 찜이다. 조려 먹고 싶으면 간장이나 설탕 대신 생강, 와인, 청주, 레몬을 듬뿍 넣고 조린다.

간식은 요구르트나 우유, 과일

균형 잡힌 영양을 섭취하기 위해서는 간식도 빼놓지 말아야 한다. 우유는 부족하기 쉬운 칼슘과 양질의 단백질 공급원이며 과일은 비타민, 미네랄, 식이섬유가 풍부하다.

국물이 많은 된장국

국물은 반드시 남기고 건더기 위주로 먹기

국이나 찌개, 라면국물 등의 국물은 남기는 것을 원칙으로 한다. 국물을 남기는 것만으로 염분 섭취량은 줄어든다.

음식치료 초보자용 참고서
일주일 식단 제안

1 day 음식치료 초보자용 일주일 식단

실천 포인트	소금과 칼로리 줄이기
실천 목표	소금 섭취량 하루 8g 미만, 총칼로리 1800kcal
방법	저열량, 저염식을 본격적으로 실천하기 위한 워밍업 데이입니다. 저열량은 먹는 양을 줄이는 것이 아니라 열량을 낮추는 조리법을 이용해야 해요. 이 책에서 제공하는 20가지의 밥, 국·탕·찌개류, 30가지의 반찬, 10가지의 일품요리들을 활용하세요. 쌀밥 대신 잡곡밥으로 먹으면 같은 양이라도 50kcal 이상 줄일 수 있어요. 반찬은 나트륨 배출을 돕는 식재료를 이용하세요. 국·탕·찌개는 건더기 위주로 국물은 2/3만 먹는 습관을 들이고, 김치는 액젓을 넣지 않는 나박김치나 백김치 위주로 드세요.

총칼로리 1680kcal 총염분 7.7g

아침	점심	간식	저녁
현미밥(1공기, 0) 시금치국(2/3그릇, 1) 도라지나물 (1접시, 0.5) 삼치구이(1토막, 0.3), 표고버섯볶음 (1접시, 0.5) 나박김치 (1/2접시, 0.5)	보리밥(1공기, 0) 애호박나물 (1접시, 0.5) 연근조림 (1/2접시, 0.3) 양파장아찌 (1/2접시, 0.5) 나박 김치(2/3공기, 0.8)	키위(1개, 0) 방울토마토(3개, 0)	현미밥(1공기, 0) 굴국(2/3그릇, 1) 조기찜(1토막, 0.3) 멸치 꽈리고추볶음 (1접시, 0.5) 미역초무침(1접시, 0) 백김치(1접시, 1)

*재료명(분량, 염도)

2 day

음식치료 초보자용 일주일 식단

실천 포인트	소금과 칼로리 줄이기
실천 목표	소금 섭취량 하루 8g 미만, 총칼로리 1800kcal
방법	첫날 음식치료에 대한 감(感)이 어느 정도 생겼으면 둘째 날인 오늘은 혈압치료에 좋은 재료를 국이나 반찬으로 적극 활용해봅시다. 나트륨 배출에 효과적인 감자를 다양한 레시피로 이용해보세요. 고혈압 환자는 단백질 보충에도 신경을 써야 하므로 두부, 콩나물, 생선 등을 매끼 반찬으로 올리세요. 잘 실천하고 있다는 기분이 들면 저녁 한 끼 정도는 쌀밥으로 보상해도 좋아요.

총칼로리 1622kcal 총염분 8g

아침	점심	간식	저녁
흑미밥(1공기, 0)	감자주먹밥(4개, 0.1)	사과(1/2쪽, 0)	쌀밥(1공기, 0)
감자국(2/3그릇, 0.5)	두부샐러드(1접시, 0.1)	귤(1/2개, 0)	쇠고기무국
두부조림	양배추볶음		(2/3그릇, 1)
(1/2접시, 0.5)	(1접시, 0.2)		임연수구이
콩나물볶음	김구이(5장, 0.3)		(1토막, 0.4)
(1접시, 0.3)	백김치(1접시, 1)		가지나물(1접시, 0.5)
고춧잎무침			무말랭이무침
(1접시, 0.5)			(1/3접시, 0.6)
백김치(1접시, 1)			백김치(1접시, 1)

3 day

음식치료 초보자용 일주일 식단

실천 포인트	소금과 칼로리 줄이기
실천 목표	소금 섭취량 하루 8g 미만, 총칼로리 1800kcal
방법	고혈압 환자에게 다시마는 열량은 낮고 혈압은 떨어뜨리는 일석이조의 식재료이니 배불리 먹는 게 좋습니다. 다시마의 알긴산이 콜레스테롤이란 찌꺼기를 흡수하여 배변으로 배출시켜 혈압을 떨어뜨리는 작용을 하거든요. 다시마를 넓적하게 썰어 그 위에 채썬 팽이버섯이나 표고버섯을 올리고 김밥 말듯 돌돌 말아 쌈장에 살짝 찍어 드세요. 돌미나리는 산성화된 고혈압 환자의 혈액을 정화시켜주는 작용을 해요. 해독 작용이 매우 뛰어나서 혈압 약을 복용하는 고혈압 환자들에게 권장하고 싶은 식재료이지요. 전이나 부침이 먹고 싶다면 혈압 강하에 좋은 양파나 감자를 이용해 보세요. 이때 기름은 식용유 대신 올리브 오일이나 들기름을 쓰세요.

총칼로리 1720kcal 총염분 7.1g

아침	점심	간식	저녁
보리밥(1공기,0)	현미밥(1공기, 0)	우유(1개, 0.2)	현미밥(1공기, 0)
오이미역냉국	콩비지찌개(1그릇, 1)		대구맑은탕(1그릇, 0.5)
(2/3그릇, 0.3)	부추나물		돌미나리무침
감자채볶음	(1/3접시, 0.5)		(1/2접시, 0.3)
(1접시, 0.3)	다시마 버섯말이		양파 감자전(3개, 0.3)
연어구이(1토막, 0.3)	(1접시, 0.1),		고구마순볶음(1접시, 0.3)
취나물(1접시, 0.5)	백김치(1접시, 1)		오이물김치
백김치(1접시,1)			(2/3그릇, 0.5)

4 day

음식치료 초보자용 일주일 식단

실천 포인트	소금과 칼로리 줄이기
실천 목표	소금 섭취량 하루 8g 미만, 총칼로리 1800kcal
방법	고혈압 환자는 나물같이 혈압 강하에 좋은 채소를 이용하면 더욱 좋겠죠. '머위'는 피를 맑게 하여 뇌졸중 예방에 효과적인 식품이에요. 민간에서는 머위잎 가루에 청주를 섞어 중풍 예방제로 먹기도 해요. 그런 머위로 쌈밥을 만들어 별식으로 먹어보세요. 고혈압 환자가 매일 바나나를 1개씩 먹으면 뇌졸중이 예방된다는 연구 결과가 있어요. 오늘은 바나나를 간식으로 챙겨 먹어요.

총칼로리 1622kcal 총염분 8g

아침	점심	간식	저녁
흑미밥(1공기, 0)	머위쌈밥(4개, 0)	바나나(1/2개, 0)	현미밥(1공기, 0)
미역국(2/3그릇, 1)	조개탕(1그릇, 0.8)	감(1/2개, 0)	근대국(2/3그릇, 1)
새우 마늘종볶음	비름나물(1접시, 0.3)		해삼볶음(1접시, 0.5)
(2/3접시 0.5)	다시마 감자조림		청포묵(1접시, 0.3)
삶은 양배추(3장, 0)	(1접시, 0.5)		우엉조림
더덕구이(2개, 0.5)	오이생채(1접시, 0.3)		(1/2접시, 0.3)
백김치(1접시, 1)	백김치(1/2접시, 0.5)		백김치(1/2접시, 0.5)

5 day

음식치료 초보자용 일주일 식단

실천 포인트	소금과 칼로리 줄이기
실천 목표	소금 섭취량 하루 8g 미만, 총칼로리 1800kcal
방법	5일째입니다. 음식치료에 어느 정도 자신감이 붙지 않으세요? 이 참에 오늘은 좀 더 열량을 낮출 수 있는 반찬들로 준비해보세요. 밥과 국(찌개)은 기본이고 상추겉절이, 고사리나물, 무나물, 쑥갓무침, 도토리묵, 미나리강회 등은 건강에 좋은 재료로 만든 초다이어트 메뉴들이죠. 이런 날 아침 밥상에는 기름을 넣고 구운 생선구이를 올리세요. 온종일 나물반찬만 먹어도 아침에 먹은 고등어구이 한 토막이 허기를 예방하는 데 도움이 되거든요.

총칼로리 1719kcal 총염분 8g

아침	점심	간식	저녁
보리밥(1공기, 0)	현미밥(1공기, 0)	대추차(2/3잔, 0)	쌀밥(1공기, 0)
근대국(2/3그릇, 1)	냉이국(2/3그릇, 1)	포도(5알, 0)	두부찌개(1/2그릇, 1)
고등어구이	도토리묵무침		새송이버섯구이
(1토막, 0.3)	(1접시, 0.3)		(1접시, 0.3)
상추겉절이	쑥갓무침(1접시, 0.5)		미나리강회
(1접시, 0.5)	무나물(1접시, 0.2)		(1접시, 0.3)
고사리나물	백김치(1/2접시, 0.5)		깻잎나물(1접시, 0.3)
(1접시, 0.3)			백김치(1접시, 1)
백김치(1/2접시, 0.5)			

6 day

음식치료 초보자용 일주일 식단

실천 포인트	소금과 칼로리 줄이기
실천 목표	소금 섭취량 하루 8g 미만, 총칼로리 1800kcal
방법	저열량식으로 불만이 차오를 즈음에는 적절하게 보상을 해줘야 음식치료를 지속할 수 있어요. 오늘의 추천 메뉴는 회덮밥이에요. 생선은 칼로리는 낮으면서 불포화 지방산이 풍부한 참치를 선택하세요. 백화점이나 마트에 가면 냉동참치를 구할 수 있어요. 참치를 먹기 좋은 크기로 썰어 밥 한 공기에 상추, 깻잎, 오이 등 채소를 푸짐하게 썰어 올리고 초고추장을 넣어 비벼 먹으면 낮은 열량에 비해 포만감은 크죠. 곁들이는 김치는 배, 사과 등으로 담근 저염식 과일물김치를 올리세요. 과일이 지닌 단맛이 짠맛을 잊게 합니다.

총칼로리 1678kcal 총염분 8g

아침	점심	간식	저녁
현미밥(1공기, 0) 북어국(2/3그릇, 1) 두부 치즈부침 (1접시, 0.3) 오이선(1접시, 0.3) 파래무침(1접시, 0.5) 백김치(1접시, 1)	참치회덮밥 (1그릇, 0.5) 과일물김치(1접시, 1)	떠먹는 요구르트 (1개, 0.1)	흑미밥(1공기, 0) 꽁치찌개(2/3그릇, 1) 죽순잡채(1접시, 0.5) 곤약볶음(1접시, 0.3) 시금치나물 (1접시, 0.5) 백김치(1접시, 1)

7 day

음식치료 초보자용 일주일 식단

실천 포인트	소금과 칼로리 줄이기
실천 목표	소금 섭취량 하루 8g 미만, 총칼로리 1800kcal
방법	저녁에는 저염식 일품요리인 꽃게탕을 만들어 가벼운 식사를 하세요. 모세혈관을 튼튼하게 하여 고혈압 환자에게 좋은 가지나물은 아침에 먹는 것이 더 좋아요. 가지는 채소지만 기름을 잘 흡수하는 성질이 있기 때문에 볶아 먹으면 하루 종일 속이 든든하거든요. 가지나물을 무칠 때에는 참기름을 아끼지 마세요. 오늘의 간식인 잣은 공복 시에 먹는 것이 좋아요. 잣에 풍부한 기름이 혈관의 콜레스테롤이나 중성지방을 제거하는 효과가 탁월하거든요.

총칼로리 1725kcal 총염분 7.5g

아침	점심	간식	저녁
현미밥(1공기, 0)	보리밥(1공기, 0)	율무차(2/3잔, 0)	현미밥(1공기, 0)
갈치구이(1토막, 0.5)	재첩국(2/3접시, 0.5)	잣(10알, 0.1)	꽃게탕(1/2그릇, 1)
가지나물(1접시, 0.5)	팽이버섯전(3개, 0.5)		해파리냉채
무나물(1/2접시, 0.3)	무생채(1접시, 0.5)		(1접시, 0.4)
브로콜리찜(1접시, 0)	김무침(1접시, 0.4)		백김치(1접시, 1)
나박김치	백김치(1접시, 1)		
(1/2공기, 0.5)			

음식치료에 대해 궁금한 몇 가지

Q1 **고혈압 치료에 약보다 음식 조절이 더 중요한 이유는 무엇입니까?**

고혈압을 일으키는 대표적인 위험 요인들 가운데 소금, 고콜레스테롤, 담배, 과음은 모두 음식과 관련된 것들입니다. 특히 소금은 우리가 흔히 먹는 국, 찌개, 반찬 등에 기본적으로 사용되기 때문에 음식을 조절하지 않고는 고혈압을 치료할 수 없습니다.

고혈압 약을 복용하는 경우에도 음식치료가 기본인 것이, 음식은 함부로 먹으면서 약만으로 병을 고치려고 하면 시간이 흐를수록 약의 가짓수가 늘어나게 되어 결국 부작용이 생길 수밖에 없습니다. 혈압 약은 필요한 경우 복용해야 하지만 체질에 따라 그 자체만으로도 인체에 부담을 주어 두통, 무력감 등 부작용을 일으킬 수 있기 때문에 약을 복용하기에 앞서 음식치료에 더욱 신경을 써야 합니다.

Q2 **음식치료를 꾸준히 실천하면 혈압이 얼마나 떨어지나요?**

염분과 지방, 칼로리를 줄인 식단을 2주 정도 먹다 보면 몸의 부기가 빠지면서 체중이 1킬로그램 정도 감소되는 것을 확인할 수 있습니다. 혈압이 높으면 흔히 수반되는 두통, 부종, 무기력함 같은 증상이 현저하게 줄면서 이뇨와 배변 활동도 원활해짐을 느낄 수 있습니다. 한 달 정도 더 지속하면 체중도 2킬로그램 이상 감량하면서 혈압을 쟀을 때 최고혈압이 10~20mmHg 이상 떨어지는 효과를 볼 수 있습니다.

Q3 **음식치료를 할 때 가장 중요한 것은 무엇인가요?**

바로 습관입니다. 고혈압 치료에 좋은 식습관이 몸에 익숙해지려면 최소 3개월 정도의 시간이 필요합니다. 이는 혀가 입맛에 길들여지는 데 걸리는 최소한의 시간이기도 합니다. 이 기간에는 가급적 외식을 줄이고 집에서 혈압 조절에 좋은 식품을 선택해서 조리해 먹는 습관을 가져보세요. 또한 이때 중요한 것은 고혈압 치료에 좋은 음식을 선택해 꾸준히 섭취하는 자세랍니다.

4week Food Therapy
Part 4

혈압을 낮추는 맛있는 맞춤밥상

매 끼니마다 밥, 국, 반찬까지 한꺼번에 준비해야 하는
정해진 식단의 번거로움을 피하고 그날의 기분이나 상황에 따라
마음대로 골라 먹을 수 있는 내 맘대로 식단을 제공한다.
먹고 싶은 음식들의 칼로리나 염분 등 영양성분표를 참고하여
본인이 식단을 짜면 된다. 또 집밥이 물리지만,
외식이 두려운 때를 대비하여 입맛대로 골라 먹을 수 있도록
일품요리도 준비했다.

고혈압 음식치료 한 끼 식단 이렇게 짜세요!

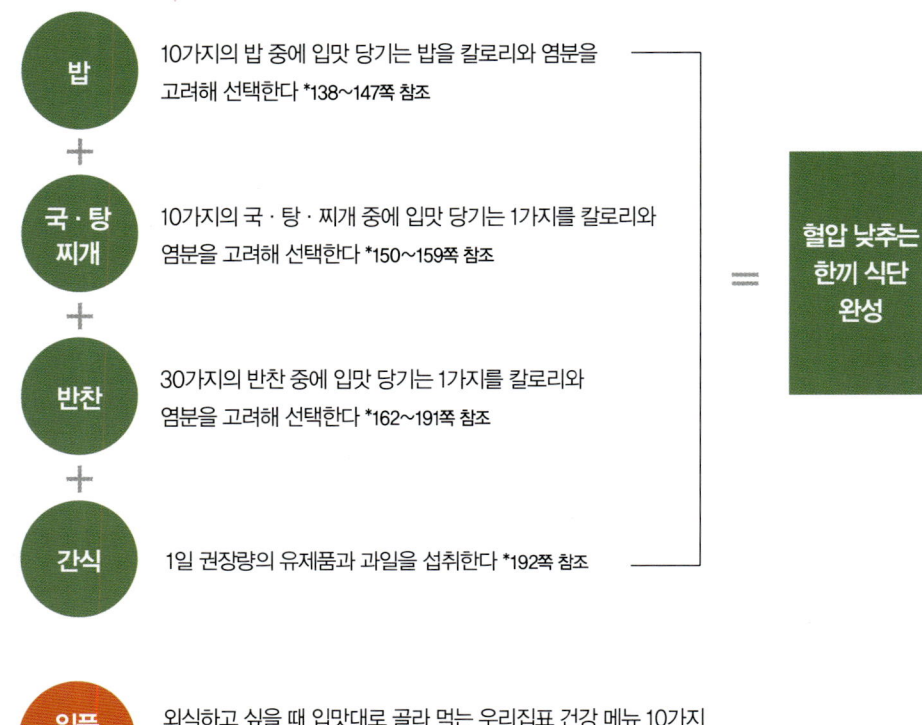

밥
10가지의 밥 중에 입맛 당기는 밥을 칼로리와 염분을 고려해 선택한다 *138~147쪽 참조

+

국·탕 찌개
10가지의 국·탕·찌개 중에 입맛 당기는 1가지를 칼로리와 염분을 고려해 선택한다 *150~159쪽 참조

+

반찬
30가지의 반찬 중에 입맛 당기는 1가지를 칼로리와 염분을 고려해 선택한다 *162~191쪽 참조

+

간식
1일 권장량의 유제품과 과일을 섭취한다 *192쪽 참조

= **혈압 낮추는 한끼 식단 완성**

일품 요리
외식하고 싶을 때 입맛대로 골라 먹는 우리집표 건강 메뉴 10가지
*194~213쪽 참조

고혈압 음식치료 레시피 이렇게 보세요!

1 매 끼니마다 밥, 국, 반찬까지 한꺼번에 갖가지 음식을 준비해야 하는 식단의 번거로움 피하고 그날의 기분이나 상황에 따라 마음대로 골라 먹을 수 있도록 밥, 국·탕·찌개, 반찬, 간식 편으로 구성했다.

2 먹고 싶은 음식들의 칼로리나 염분 등 영양성분표를 참고하여 본인이 식단을 짜면 된다. 영양성분은 1인분을 기준으로 했다.

3 집밥이 물리지만, 외식이 두려운 때를 대비하여 입맛대로 골라 먹을 수 있도록 일품요리도 준비했다.

4 밥, 국·탕·찌개, 반찬의 레시피는 1인분, 일품요리의 레시피는 2인분을 기준으로 작성했다.

5 음식에 사용된 소금은 꽃소금(채소 데침용, 재료 손질용)과 구운소금(간 하기용)이다.

집에 있는 도구로 재는
김연수식 계량법

계량스푼 ▶ 어른용 밥숟가락 **계량컵** ▶ 1줌과 종이컵

가루 재료 재기

1 멸치가루 1은 어른용 밥숟가락으로 수북하게 떠서 위로 볼록한 양

2 설탕 0.5는 어른용 밥숟가락 절반 정도의 양

3 고춧가루 0.3은 어른용 밥숟가락 1/3 정도 담은 양

액체 재료 재기

4 들기름 1은 어른용 밥숟가락으로 떠서 위로 볼록한 양

5 올리브 오일 0.5는 어른용 밥숟가락 절반 정도의 양

6 간장 0.3은 어른용 밥숟가락의 1/3 정도 담은 양

장류 재기

7 고추장 1은 어른용 밥숟가락으로 가득 떠서 위로 볼록한 정도의 양

8 된장 0.5는 어른용 밥숟가락 절반만 담은 양

9 쌈장 0.3은 어른용 밥숟가락의 1/3 정도 담은 양

1줌 재기

10 시금치 1줌 한 손에 가득 차는 정도

11 소면 1줌 어른이 먹는 국수장국 2인분 정도

종이컵으로 분량 재기

12 종이컵 1컵 = 계량컵 1컵

고혈압에 신경 쓰이는
짠맛 내는 양념들

　음식의 간을 낼 때에는 소금과 간장, 고추장, 된장 등을 사용한다. 고혈압 환자들이 특히 주의해야 할 간을 하는 양념들의 짠맛을 조목조목 따져보자.

다양한 요리에 맹활약하는 소금

천일염 흔히 굵은 소금으로 불리는 천일염은 염전에서 햇볕과 바람으로 수분을 증발시켜 만드는데, 간수를 제거해 맛이 순하고 쓴맛이 적으며 미네랄이 풍부하다. 천일염은 염도가 낮기 때문에 김치 절일 때, 젓갈이나 된장 등의 장류를 담글 때 주로 쓴다.

꽃소금 굵은 입자가 마치 하얀 눈꽃 같아 꽃소금이라 불리는데, 천일염을 물에 녹인 후 끓여 불순물을 제거하여 만든다. 입자가 굵고 빨리 녹아 국물 요리의 간 내기용으로 사용한다.

구운 소금 천일염을 고온에서 구운 소금으로, 간수를 빼서 짠맛이 덜해 무침요리와 조림요리에 주로 쓴다.

소금 1g에 해당하는 염분량

소금 1/2작은술, 진간장 1작은술, 우스터소스 2작은술, 된장 1/2큰술, 고추장 1/2큰술, 마요네즈 3큰술 토마토케첩 2큰술, 마가린 · 버터 2큰술

*대한영양사협회

맛소금 정제염에 글루타민산나트륨(MSG)을 코팅한 소금이다. 특유의 감칠맛으로 볶음과 무침 요리에 주로 사용하지만, 환자식에는 가급적 사용하지 않는 것이 좋다.

깔끔하고 깊은 짠맛 내는 간장
간장의 나트륨 함유량은 보통 25% 정도. 종류로는 국간장과 무침 요리에 주로 쓰이는 조선간장, 조림과 볶음 요리에 주로 쓰는 양조간장, 양조간장과 쓰임새는 같으나 값은 저렴한 혼합간장이 있다.

구수하고 매콤한 짠맛 내는 고추장·된장
고춧가루의 매운맛과 메주가루의 단맛으로 상대적으로 짠맛을 덜 느끼는 고추장의 염분 함량은 보통 13~16%이다. 찌개나 나물무침에 주로 사용하는 된장은 메주가루에 굵은 소금을 넣고 만들어 짠맛이 난다. 된장의 염분 함량은 보통 17% 정도.

나트륨 성분 확 줄인 '저나트륨 소금'
일반 소금과 비슷한 짠맛이 나지만 나트륨 함량은 낮은 저나트륨 소금. 고혈압 환자에게는 나트륨 섭취를 낮춰 주지만 신장병 환자는 의사와 상의한 후 사용하기를 권한다. 염화나트륨을 줄인 대신 짠맛을 유지하기 위해 염화칼륨을 넣었는데, 이 성분은 대부분 신장을 통해 배출되기 때문에 신장 기능이 약한 신장병 환자에게 부담이 될 수 있기 때문이다.

CJ 백설 팬솔트 핀란드 헬싱키 의대가 개발한 제품으로 일반 정제염의 나트륨 함량은 98%나 되지만 이 소금은 40%나 낮은 57%밖에 되지 않는다. 일반 소금과 동일한 양을 사용해도 짠맛은 비슷하며, 각종 요리에 간내기용으로 사용한다. 특히 김치 담글 때나

젓갈 만들 때 넣으면 좋다. **문의** 080-850-1200

청정원 1/2 나트륨 솔트 일반 소금과 비슷한 짠맛을 내지만 나
트륨 함량은 절반으로 낮춘 소금이다. 국, 찌개, 무침, 조림 등
모든 요리에 간내기용으로 사용한다.

문의 080-019-9119

나트륨은 덜고 영양은 더한 기능성 소금

이시가키 오키나와 소금 일본의 장수섬 오키나와 해저의 바닷물로 만든 정제염.
입자가 매우 곱고 부드러우며 짠맛이 매우 약해 무침이나 볶음 요리 등에 사용한
다. **문의** 02-3459-9700

무요오드 소금 갑상선기능항진증 환자들을 위한 소금으로 꽃소금에 열을 가해 염
소와 나트륨만을 추출하여 만든다. **문의** 02-3143-4386

청정원 남극해 소금 남극해에서 채취한 소금으로 미네랄을 첨가했다. 국, 무침 등
각종 요리에 간내기용으로 사용한다. **문의** 080-019-9119

황토소금 황토로 만든 단지에 천일염을 담아 장시간 고온에서 구운 알칼리 소금
이다. 일반 소금에 비해 짠맛은 덜하며 맛은 훨씬 부드럽다. **문의** 062-226-4478

안데스 산 천연 소금 해발 3000m의 안데스 산에서 채집한 무공해 소금으로 쓴맛
이 없고 미네랄이 풍부해 김치 담글 때 넣으면 맛이 좋다. **문의** 031-966-8442

먹을수록 건강해지는 천연조미료

조미료는 식품의 재료를 조리하고 가공할 때 맛을 향상시키기 위해 넣는 것이지만, 화학조미료의 안전성에는 여러 가지 문제가 있다. 화학조미료의 부작용은 흔히 '중국음식 증후군'으로 불린다. 미국이나 유럽인들이 중국음식점에 다녀온 이후 편두통과 오한을 호소하자 그 원인을 추적한 결과, 중국음식에 많이 사용되는 화학조미료인 글루타민산나트륨(MSG)이 원인으로 밝혀졌다.

글루타민산나트륨은 뇌세포에 신호를 전달하는 신경전달물질 역할을 하는 아미노산으로, 체내에 과다하게 축적될 경우 신경계를 교란시켜 편두통이나 오한 같은 증상을 수반하게 된다. 또 식이조절을 주관하는 두뇌의 시상하부를 파괴해 비만을 초래하고 치매의 원인으로 작용하기도 하며 천식과 암을 유발하는 것으로 알려져 있다.

글루타민산나트륨을 다량 섭취할 경우 망막신경층이 얇아져서 시력이 나빠지거나 시력을 잃을 수도 있다. 중국이나 우리나라 등에서 많이 발견되는 정상안압녹내장의 경우에도 화학조미료가 주요 원인으로 지목되고 있다.

화학조미료로부터 안전한 천연조미료는 다시마, 버섯, 마 등 천연재료들을 자연 상태에서 건조시켜 만든 것이기 때문에 안심하고 먹을 수 있다. 또 소금 대신 간을 내는 다시마가루, 멸치가루, 표고버섯 가루 등은 특유의 감칠맛과 깊은 맛으로 소금의 빈자리를 확실하게 채워준다.

녹말 대용

마가루 마에는 녹말과 당분이 풍부하므로 녹말 대용으로 쓰면 좋다. 특히 마는 소화가 매우 잘 되며 전립선질환의 예방에 특효가 있으므로 남편을 위한 요리에 많이 활용한다.

만드는 법 마(1개)는 껍질을 벗겨 얇게 썬 다음 찜통에 쪄서 서늘한 곳에서 말려 분쇄기에 넣고 곱게 갈아 밀폐용기에 보관한다. 마는 체질에 따라 알레르기를 일으킬 수 있으므로 장갑을 끼고 손질한다.

잡냄새 제거

생강가루 생강은 바로 갈아 조리하면 쓴맛이 강해 음식 맛을 해치지만 말려 가루로 사용하면 쓴맛도 적고, 특유의 톡 쏘는 맛이 음식 맛을 돋운다. 생선이나 돼지고기조림 등에 사용하면 비린맛과 잡냄새가 제거된다.

만드는 법 생강(3톨)은 껍질을 벗기고 편으로 얇게 썰어 물에 씻는다. 찜통에 넣고 찐 다음 통풍이 잘 되는 곳에서 바싹 말린 후, 분쇄기에 넣고 곱게 갈아 밀폐용기에 담아 보관한다.

소금 대용

멸치가루 된장찌개나 무조림 등에 소금 대신 넣으면 맛도 좋고 칼슘이 풍부해 영양 보충에도 그만이다.

만드는 법 국물용 멸치(1줌)의 머리, 내장을 떼어낸 후 분쇄기에 넣어 곱게 갈아 뚜껑이 있는 병에 담아 보관한다.
멸치를 분쇄기에 넣어 갈기 전에 접시에 종이타월을 깔고 손질한 멸치를 넣고 전자레인지 '강' 에서 20~30초 정도 돌린다.

132

소금 대용

표고버섯 가루 재철인 가을에 표고버섯을 대량 구입하여 가을 볕에 바싹 말려 가루로 내어 각종 찌개나 나물, 조림 요리에 소금이나 간장 대신 사용한다.

만드는 법 마른 표고버섯(2줌)을 분쇄기에 넣고 두 번 정도 간 다음 발이 고운 체에 걸러 뚜껑 있는 유리병에 보관한다.

소금 대용

다시마가루 나물, 조림, 국물 요리에 소금이나 간장 대신 사용하면 좋다. 칼국수나 수제비 반죽에 다시마가루를 넣으면 짭짤하게 간이 배어 소금을 사용하지 않아도 된다.

만드는 법 마른 면보자기로 다시마(10cm×10cm 3장) 표면의 염분을 닦은 다음 마른 팬에 넣어 살짝 익힌다. 분쇄기에 넣어 두 번 정도 곱게 갈아 밀폐용기에 담아 보관한다.

맛내기용

콩가루 수제비 반죽에 넣으면 쫄깃하고 고소한 맛을 낼 수 있다. 날콩가루는 된장국이나 된장찌개에 넣고, 나물무침에는 살짝 볶아 사용해야 더욱 맛있다.

만드는 법 메주콩(2줌)은 물에 씻어 마른 면보자기에 싸서 물기를 닦는다. 기름을 두르지 않은 팬에 콩을 넣어 주걱으로 저어가며 볶아 비린맛을 없애 분쇄기에 넣고 곱게 갈아 밀폐용기에 담아 보관한다.

맛내기용

보리새우가루 국, 찌개, 무침 요리에 조금씩 넣으면 새우 특유의 향과 맛이 난다.

만드는 법 기름기 없는 팬을 달궈 마른 보리새우(2줌)를 넣고 볶은 후 분쇄기에 곱게 갈아 밀폐용기에 담아 보관한다.

맛내기용

다시마 멸치국물 찌개, 탕 요리에 다시마와 멸치 우린 물을 넣으면 깊고 담백한 맛이 난다.

만드는 법 다시마(10cm×10cm 1장)는 검푸른 빛이 나는 것으로 골라 젖은 면보자기로 먼지를 닦아낸다. 국물용 멸치(1줌)는 물에 가볍게 씻는다. 냄비에 물(10컵)을 붓고 다시마와 멸치를 넣어 끓여, 끓어오르기 직전에 다시마만 건져내고 5분 정도 팔팔 끓인다. 체에 면보자기를 깔고 국물만 걸러 사용한다. 다시마 멸치국물을 2~3컵 분량으로 나눠 냉동실용 밀폐용기에 담아 넣어두었다가 필요할 때마다 꺼내 쓰면 간편하다.

맛내기용

들깨가루 나물을 무칠 때 사용하면 좋다. 또 뜨거운 물에 들깨가루를 타서 차로 마셔도 혈관을 깨끗하게 해준다.

만드는 법 들깨(1컵)는 따뜻한 물에 30분 정도 불렸다가 체에 밭쳐 물기를 뺀다. 달군 팬에 들깨를 담고 중간 불에 물기가 없어질 때까지 나무주걱으로 저어가며 볶는다. 분쇄기에 들깨를 넣어 간 다음 밀폐용기에 담아 보관한다.

우리가 잘 모르는
그밖의 천연조미료 몇 가지

1. 소금 대용
호박가루 호박은 부기를 제거하고 체내 나트륨을 배출하는 효과가 있으므로 찌개나 조림 같은 요리에 사용해요. 각종 드레싱이나 소스에 섞어 사용하면 호박의 달콤한 맛이 나지요.
만드는 법 단호박(1개)의 껍질을 벗기고 적당하게 썰어 찜통에 찐다. 서늘한 곳에서 딱딱해질 때까지 말린 다음 분쇄기에 넣어 곱게 갈아 밀폐용기에 보관한다.

2. 맛내기용
뽕잎가루 뽕잎은 우유보다 6배 많은 칼슘, 시금치보다 3배나 많은 철분을 함유하고 있어요. 혈압을 내리고 모세혈관을 튼튼하게 하고 혈당을 떨어뜨려 고혈압이나 당뇨병 환자에게 좋아요.
만드는 법 뽕잎(2줌)을 말려 분쇄기에 넣고 곱게 갈아 밀폐용기에 보관한다.

3. 맛내기용
냉이가루 칼국수나 수제비를 만들 때 넣으면 국수에 고운 푸른빛이 우러나지요. 따뜻한 물에 냉이가루를 넣고 취향에 따라 꿀을 넣고 차로 마시면 간과 눈의 피로를 풀어주어 컴퓨터를 많이 보는 사람들에게 좋지요.
만드는 법 냉이(2줌)를 다듬어 깨끗이 씻은 다음 말려 분쇄기에 넣고 갈아 밀폐용기에 보관한다.

Tip. 간편하게 식재료를 말리는 식품건조기

천연조미료를 만들 때 재료를 말릴 시간이 없다면 식품건조기를 이용하면 아주 간편해요. 리큅(www.lequip.co.kr, 031-351-1370)의 식품건조기는 나물, 과일, 채소 등을 말릴 때 유용해요. 6단으로 되어 있어 한번에 많은 양을 말릴 수 있는데, 맛과 향을 그대로 살리고 95% 이상의 영양소를 보존할 수 있답니다. 냉이가루처럼 한철만 나오는 재료는 제철일 때 많이 구입해서 가루로 내어 냉동실에 보관하면 일년 내내 즐길 수 있어요. 가격은 128,000원. 식구가 적은 집은 삼익헬스몰(www.samikmall.co.kr, 02-953-3989)의 5단짜리 내추럴 식품건조기를 추천합니다. 가격은 69,000원

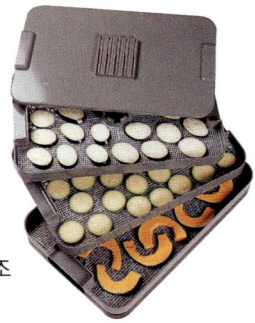

Advice 7

좋은 콜레스테롤과 나쁜 콜레스테롤

요즘 사람들은 '콜레스테롤 노이로제'에 걸린 것 같습니다. 콜레스테롤 하면 무조건 몸에 해로운 줄 알고 수치가 높게 나오면 고개부터 설레설레 흔들지요. 보통 총 콜레스테롤 농도는 180~220mg이 적정선입니다. 그러나 여기서 중요한 것은 콜레스테롤의 종류입니다.

콜레스테롤은 크게 우리 몸에 이로운 아군과 해로운 적군이 있습니다. 아군인 콜레스테롤은 혈관 비만을 막아주는 이른바 '좋은 콜레스테롤(high-density lipoprotein, HDL)', 적군인 콜레스테롤은 혈관 비만을 초래하는 '나쁜 콜레스테롤(low-density lipoprotein, LDL)'을 뜻합니다.

나쁜 콜레스테롤은 간에서 만들어진 콜레스테롤을 온몸의 세포로 운반하는 역할을 하기 때문에 혈관 벽마다 콜레스테롤 찌꺼기를 쌓이게 하여 혈관을 탁하고 더럽게 만듭니다.

반면 좋은 콜레스테롤은 혈관 벽에 끼어 있는 콜레스테롤을 떼어내 간으로 돌려보내 정화시키는 역할을 합니다. 따라서 혈관을 깨끗하게 하려면 나쁜 콜레스테롤보다 좋은 콜레스테롤이 많을수록 유리하기 때문에 총 콜레스테롤 수치에만 신경을 쓸 것이 아니라 나쁜 콜레스테롤과 좋은 콜레스테롤의 수치를 각각 확인해야 합니다.

나쁜 콜레스테롤은 100mg 이하, 좋은 콜레스테롤은 적어도 40mg 이상이 되어야 하고 65㎎ 이상이면 아주 좋습니다. 좋은 콜레스테롤의 양을 늘리려면 식물성 지방 섭취가 필수적입니다. 식물성 지방에는 리놀산 등 불포화지방산이 많아 콜레스테롤을 좋은 방향으로 유도하거든요. 그러나 식물성 지방도 시간이 지나면 저절로 포화지방산으로 변해 몸속에 쌓여 해로울 수 있습니다.

또 나이가 들면서 체내에서는 콜레스테롤 소비량이 줄고, 운동량도 부족해지며 나쁜 콜레스테롤의 농도가 높아집니다. 젊은 사람의 경우도 흡연량이 많거나 고혈압, 당뇨병, 비만인 경우 해마다 콜레스테롤 검사를 받는 것이 좋습니다. 협심증, 심근경색증이 있다면 더욱 철저한 검사를 받아야 합니다.

먹어도 먹어도
물리지 않는 맛있는

밥

총열량
399kcal

염분
0.003g

단백질
10.45g

지방
1.7g

탄수화물
83.2g

찰수수밥

수수는 콜레스테롤 등의 불순물과 엉겨서 몸 밖으로 빠져나오는 작용을 하며 변비 예방에도 좋습니다. 그래서 '몸속 불순물 청소부'라 하지요. 수수의 성분은 당질 70%와 단백질 10%, 타닌, 페놀 성분 등으로 구성되어 있으며, 타닌과 페놀은 항산화 작용과 항암 작용을 합니다.

재료 수수 · 찹쌀 1/2컵씩, 완두콩 1/4컵, 물 2컵

만드는 법

1 수수는 흐르는 물에 껍질 없이 깨끗하게 씻어 30분 정도 불린다. 찹쌀과 완두콩은 물에 깨끗이 씻어 체에 밭쳐놓는다.

2 밥솥에 불린 수수와 찹쌀, 완두콩을 한데 섞어 넣고 물을 부어 강한 불로 끓인다.

3 한소끔 끓어오르면 약한 불로 줄여 15분 정도 뜸을 들인다.

고혈압인을 위한 Cooking Tip
수수는 30분 정도 물에 불린 후 밥을 지어야 수수에 물기가 충분히 스며들어 뜸이 잘 든다. 그러나 너무 오래 불리면 모양이 뭉개져 밥맛이 떨어진다.

새싹 비빔밥

총열량
218kcal

염분
0.013g

단백질
4.46g

지방
0.92g

탄수화물
47.06g

새싹채소는 종자를 발아시킨 후 일주일 정도 된 채소의 어린 싹을 말합니다. 같은 새싹채소에는 각종 비타민과 미네랄 등의 영양소가 몇십 배나 응축되어 있습니다. 그래서 적은 양만 섭취해도 풍부한 영양을 섭취할 수 있습니다.

주재료 현미밥 1/2공기, 새싹채소(브로콜리, 알팔파 등) 2줌, 식용유 약간

양념장 재료 고추장 · 참기름 0.5씩, 꿀 · 흑초(또는 식초) · 깨소금 약간씩

만드는 법

1 새싹채소는 받아놓은 물에 깨끗이 씻어 체에 밭쳐놓는다.

2 분량의 재료를 모두 섞어 양념장을 만든다.

3 그릇에 현미밥을 담고 그 위에 새싹채소를 먹음직스럽게 얹은 후 식용꽃을 올린다. 준비한 양념장을 곁들인다.

고혈압인을 위한 Cooking Tip

새싹채소와 재배 용품은 해가든(www.daenongbio.com, 02-408-9757), 새싹먹는아이(www.innergarden.co.kr, 1544-4601) 등의 인터넷 쇼핑몰에서도 구입할 수 있다.

총열량
447kcal

염분
0.327g

단백질
12.5g

지방
1.4g

탄수화물
93g

멸치 주먹밥

뼈째 먹는 멸치는 칼슘, 단백질, DHA와 EPA를 비롯한 불포화지방산이 풍부하여 심장 순환기 계통의 성인병 예방에 좋습니다. 또 특유의 짭짤한 맛으로 주먹밥을 만들 때 소금 대신 간을 내는 효과를 톡톡히 해냅니다.

재료 잔멸치 1/4컵, 호두알 3개, 밥 1공기, 식초 0.5씩, 설탕 0.3, 깨소금 약간

만드는 법

1 잔멸치는 손질하여 기름을 두르지 않은 달군 팬에 넣어 살짝 볶는다.
2 호두는 잘게 다진다.
3 볼에 밥을 넣고 볶은 잔멸치, 다진 호두, 식초, 설탕, 깨소금을 모두 넣어 버무린다.
4 한입 크기로 동그랗게 주먹밥을 빚는다.

고혈압인을 위한 Cooking Tip
도마 위에 랩을 깔고 밥을 얹은 후 펼친 랩을 오므려 동그랗게 뭉치면 쉽게 모양을 잡을 수 있다.

콩밥

총열량
402kcal

염분
0.003g

단백질
12.3g

지방
3.5g

탄수화물
79g

고혈압 환자에게 단백질 섭취는 필수입니다. 콩에 함유된 단백질 양은 매우 풍부하며 구성 아미노산의 종류도 육류에 비해 결코 뒤지지 않지요. 또한 콩 단백질은 순수한 식물성으로 혈관에 부담을 주지 않기 때문에 매일 거르지 말고 먹어야 합니다.

재료 콩 · 찹쌀 · 현미 1/2컵씩, 물 1+1/2컵

만드는 법

1 콩은 깨끗이 씻어 미지근한 물에 담가 5시간 정도 불린다.

2 찹쌀과 현미는 물에 깨끗이 씻어 30분 정도 불린다.

3 밥솥에 콩, 찹쌀, 현미를 섞어 넣고 분량의 물을 붓고 끓인다.

4 한소끔 끓어오르면 중간 불로 줄이고, 쌀알이 퍼질 때까지 익힌 후 뜸을 들인다. 뜸이 들면 뚜껑을 열고 주걱으로 잘 뒤섞어 떡이 지지 않게 한다.

고혈압인을 위한 Cooking Tip
찹쌀은 차지므로 멥쌀보다 물을 적게 잡고 밥을 짓는데, 물에 불렸을 경우 밥물의 양은 불린 재료와 동량으로 잡는다.

총열량
324kcal

염분
0.007g

단백질
10.9g

지방
6.4g

탄수화물
61.3g

참치회 덮밥

참치는 대표적인 저지방, 저칼로리, 고단백 식품으로 특히 뇌의 단백질을 구성하는 영양소인 DHA가 풍부합니다. 비타민도 다른 생선이나 육류에 비해 월등히 많고 불포화지방산이 풍부하여 혈전 예방에 효과적입니다.

주재료 참치(냉동) 1줌, 상추 · 깻잎 5장씩, 양배추(큰 잎) 1/2장, 당근 1/3개, 밥 1/2공기, 얇게 편으로 썬 마늘 2개, 풋고추 1/2개
초고추장 재료 고추장 0.5, 흑식초(또는 식초) 1, 흑설탕 · 레몬즙 1씩

만드는 법

1 참치는 약간 해동된 상태에서 주사위 모양으로 깍둑썰기 한다.
2 상추, 깻잎, 양배추, 당근은 물에 씻어 비슷한 크기로 채썬다.
3 분량의 재료를 모두 섞어 초고추장을 만든다.
4 큰 그릇에 밥을 담고 참치와 채소, 마늘을 먹음직스럽게 올린 후 초고추장을 곁들인다.

고혈압인을 위한 Cooking Tip
밥 양은 반 공기로 하고, 채소를 풍성하게 넣어 먹으면 포만감을 주면서 총열량은 낮아 다이어트식으로 제격이다.

두부 김치덮밥

김치찌개나 김치전 등이 먹고 싶어지면 영양가는 높으면서 김치의 짠 성분을 상쇄시켜주는 두부로 별미 덮밥을 만들어 먹으면 됩니다. 두부는 중년 이후의 고혈압 환자에게 마음 놓고 추천할 수 있는 단백질 공급원입니다.

총열량
486kcal

염분
0.813g

단백질
11.8g

지방
19.8g

탄수화물
64.8g

주재료 김치 1줌, 두부 1/4모, 올리브 오일 1, 다진 마늘 0.5, 물 1컵, 불린 당면 1/2줌, 생강가루 약간, 밥 1/2공기, 다진 실파 0.5, 맛술 1, 소금 약간, 참기름 1

녹말물 재료 마가루 · 물 1씩

만드는 법

1 김치는 물에 살살 흔들어 씻어 송송 썰고 두부는 깍둑썰기 한다.

2 달군 팬에 올리브 오일을 두르고 다진 마늘과 김치를 넣고 살짝 볶는다. 물을 붓고 끓이다가 불린 당면과 두부를 넣어 볶는다. 생강가루와 녹말물을 넣어 끓이다가 재료가 꼬들꼬들해지면 다진 실파, 맛술, 소금, 참기름을 넣는다.

3 그릇에 밥을 담고 그 위에 ②를 끼얹는다.

고혈압인을 위한 Cooking Tip
두부는 팬에 넣어 마구 휘저어가며 볶으면 으깨질 수 있으므로, 모양을 살려 살살 볶는다.

감자 주먹밥

감자는 몸 안의 나트륨을 제거하고 열을 내려주는 작용을 하므로 다양하게 이용하면 좋습니다. 감자는 비타민 C가 사과의 2배 정도로 풍부한데, 감자 2개면 하루 비타민 C의 섭취량을 만족시킬 수 있지요. 특히 감자의 비타민 성분은 녹말로 둘러싸여 있어 열을 가해도 잘 파괴되지 않습니다.

주재료 감자 1개, 쌀밥 1/2공기, 검은깨·흰깨 0.5씩

양념 재료 우유 1, 무가당 플레인 요구르트 0.5, 소금·후춧가루 약간씩

만드는 법

1 감자는 삶아서 껍질을 벗긴 후 곱게 으깬다.

2 감자와 밥을 볼에 담고 분량의 양념 재료를 모두 넣어 골고루 잘 섞는다.

3 도마 위에 랩을 깔고 감자주먹밥을 김밥 재료 올리듯 올린 다음, 길쭉하고 동그랗게 말아 먹기 좋은 크기로 썬다.

4 넓은 접시에 깨를 담고 그 위에 주먹밥을 올려 위쪽 부분에만 깨를 묻혀 그릇에 담는다.

고혈압인을 위한 Cooking Tip
감자는 뜨거운 물에 삶아도 되고, 전자레인지에 10분 정도 넣어 익혀도 된다.

해물솥밥

여러 가지 해산물로 지은 해물솥밥은 밥맛이 없을 때 입맛을 당겨주는 별미밥입니다. 특히 굴은 비타민 A, B₁, 무기질, 필수아미노산인 라이신과 히스티딘이 풍부한 보양식입니다.

총열량
460kcal

염분
1,440g

단백질
50.7g

지방
10.9g

탄수화물
36.3g

주재료 쌀 2/3컵, 찹쌀 1/3컵, 껍질 벗긴 새우 1/2컵, 오징어 몸통 1/4마리분, 생굴 1컵, 표고버섯 3개, 밤 2개, 당근 1/4개, 대파(5cm) 1대, 참기름 0.3, 다시마 국물 1+1/2컵

양념장 재료 간장 · 다진 마늘 · 깨소금 · 고춧가루 · 다진 파 1씩, 참기름 0.5

만드는 법

1 쌀과 찹쌀은 씻어 30분 정도 불린다.

2 분량의 양념 재료를 모두 섞어 양념장을 만든다.

3 새우는 물에 씻고 오징어는 잔칼집을 넣는다. 생굴은 체에 담아 살살 흔들어 씻는다. 표고버섯과 밤, 당근은 먹기 좋은 크기로 썰고, 대파는 어슷하게 썬다.

4 솥에 참기름을 두르고 쌀과 밤을 넣어 볶다가 다시마 국물을 붓고 끓인다. 국물이 잦아들면 대파, 당근을 넣어 뒤섞어 강한 불에 끓인다. 김이 오르면 새우, 오징어, 생굴을 얹고 약한 불로 15분 정도 뜸을 들인다.

총열량
421kcal

염분
0.177g

단백질
12.3g

지방
3.7g

탄수화물
84.8g

머위쌈밥

쌓인 독을 풀어주는 머위는 중풍 예방에도 효과적입니다. 다량의 섬유소와 비타민이 배설을 촉진하여 쾌변을 꿈꾸는 고혈압 환자에게 권장할 만한 식재료입니다. 쌉싸래한 맛으로 입맛을 돌게 하지만 쓴맛이 강하므로 소금을 약간 넣어 살짝 데쳐먹습니다.

재료 배추김치 1줌, 머위 8장, 소금 약간, 현미밥 1공기

만드는 법

1 배추김치는 물에 여러 번 헹궈 꼭 짜서 잘게 다진다.

2 머위는 잎이 자잘한 것으로 골라 받아 놓은 물에 씻어 끓는 물에 소금을 약간 넣고 데쳐 쓴맛을 없앤다.

3 도마 위에 랩을 깔고 머위를 펼쳐놓은 다음 현미밥을 적당량 올린다. 그 위에 김치를 얹은 후 머위로 감싼다.

고혈압인을 위한 Cooking Tip
쌈밥용 밥은 흰쌀밥보다는 콜레스테롤 제거에 효과적인 현미밥을 이용하며, 머위는 흐르는 물에 씻으면 여린 잎이 멍들기 쉬우므로 받아놓은 물로 씻는다.

고구마밥

고구마는 나트륨을 몸 밖으로 배출하는 성분이 풍부하여 고혈압 환자에게 참 유용한 식재료입니다. 대장운동을 촉진시키는 식이섬유도 많아 변비 예방에도 효과적입니다. 또 풍부한 칼슘·인·비타민 C는 열을 내리는 작용도 합니다.

총열량
226kcal

염분
0.007g

단백질
5.6g

지방
1.6g

탄수화물
47.6g

재료 현미 1컵, 고구마 1개, 물 1+1/2컵

만드는 법

1 현미는 물에 깨끗이 씻어 체에 밭쳐 1시간 정도 불린다.

2 고구마는 껍질을 벗겨 먹기 좋은 크기로 깍둑썰기 한다.

3 솥에 현미와 고구마를 섞어 담고 밥물을 잡는다. 강한 불로 밥을 짓다가 한소끔 끓어오르면 중간 불로 줄여 계속 익힌다. 쌀알이 퍼지면 약한 불에 뜸을 들인다.

- -

고혈압인을 위한 Cooking Tip

고구마는 단단한 것이 단맛이 강하다. 껍질에 윤기가 흐르며, 표면에 움푹 파인 부분이 없는 것으로 골라야 한다.

- -

몸에 좋은 현미밥을 드세요!

흰쌀밥과 흰빵은 부드러워 먹기에는 편할지 모르지만, 탄수화물이 많고 칼로리가 높으며 쉽게 소화되어 혈당을 높이고 인슐린 분비를 촉진합니다. 그래서 흰쌀밥 대신 칼로리는 낮고 포만감은 크며 영양은 풍부한 현미밥이나 잡곡밥을 추천합니다.

배아가 살아 있는 현미는 인체에 필요한 영양소가 골고루 들어 있는 곡물입니다. 현미를 9분도 백미로 정백했을 때 비타민 B군이 상실되는데, 이를 식품으로 보충하려면 달걀 20개, 우유 2리터, 쇠고기 한 근 반, 김 20장, 시금치 2.2킬로그램 이상 먹어야 합니다. 밥맛 때문에 흰쌀밥을 포기하기 어렵다면 처음에는 흰쌀과 찹쌀현미와 현미를 섞어 밥을 지어 먹고 어느 정도 입맛이 길들여지면 차츰 흰쌀과 찹쌀현미의 양을 줄이고 현미의 양은 늘려서 밥을 지으면 됩니다.

그러나 현미밥보다 더욱 풍부한 영양을 자랑하는 밥이 있습니다. 현미에 수분과 온도, 산소를 공급하여 싹을 틔운 발아현미로 지은 발아현미밥입니다. 현미에 싹이 나는 과정에서 비타민 B_1, 무기질, 식이섬유는 증가하고 껍질의 딱딱한 성분은 화학적 변화를 일으켜 부드러워집니다. 발아현미에는 지방질 대사를 도와 비만을 억제하는 이노시톨(Inositol)이 함유되어 있으며, 장내 노폐물을 제거하고 콜레스테롤을 억제하는 감마 오리자놀(γ-oryzanol)이 고혈압을 개선합니다.

집에서 발아현미 만들기

우선 도정한 지 얼마 되지 않은 현미를 준비하여 생수에 담가 따뜻한 곳에 놓고 담요를 덮어 10시간 정도 둡니다. 그런 후에 물에서 꺼내 다시 8시간 정도 발아시키면 됩니다.

현미 싹이 1~5mm 길이로 자라면 밥을 지어 먹으면 되는데, 비만이 염려되는 사람은 2.5mm 길이로 자랐을 때 먹고, 체질이 약한 사람은 발아가 막 시작된 현미를 먹는 게 좋습니다.

발아현미를 만들 시간이 없다면 시장에서 파는 발아현미를 일주일분씩 사다가 먹어도 되고, 현미를 발아시켜 발아현미밥을 짓는 밥솥을 이용하는 것도 좋은 방법입니다.

담백한 국물 맛

국·탕
찌개

청국장 찌개

청국장은 비타민 B_2가 많아 간장의 해독기능을 증진시키고 장내의 발암 촉진 물질을 배설하여 꾸준히 먹으면 몸 안에 누적된 독소나 찌꺼기를 숙변으로 빠지게 합니다. 또 암과 혈관 장애, 산화 물질 발생을 억제하고 치료하며, 면역력을 강화시키는 항산화제이자 항암 물질입니다.

재료 쌀뜨물 2컵, 청국장 1, 풋고추 1/2개, 두부 1/4모, 표고버섯 가루 0.5

만드는 법

1 냄비에 쌀뜨물을 붓고 끓여 팔팔 끓어 오르면 청국장을 덩어리가 지지 않게 잘 풀어 넣는다.

2 풋고추는 어슷하게 썰고 두부는 한입 크기로 깍둑썰기 해 청국장찌개에 넣고 살짝 끓인다.

3 두부가 익으면 표고버섯 가루를 넣어 한소끔 더 끓인다.

고혈압인을 위한 Cooking Tip
건더기를 이것저것 많이 넣지 않는 것이 조리 포인트. 쌀뜨물로 끓이면 청국장의 맛이 더욱 진해져 구수한 맛이 난다.

대구 맑은탕

대구는 단백질이 많고 지방은 적어 성인병을 앓고 있는 환자에게는 최고의 생선입니다. 음식을 절제해야 하는 고혈압 환자에게도 이따금 보양식이 필요할 때가 있는데, 가령 감기에 걸렸거나 여름철 복날에 대구로 음식을 해먹으면 든든합니다.

총열량
108kcal

염분
0.198g

단백질
22g

지방
0.7g

탄수화물
2.3g

재료 무(5cm) 1토막, 대파(10cm) 1대, 쌀뜨물 3컵, 대구살 1/3마리, 다진 마늘 0.5, 소금 약간

만드는 법

1 무는 껍질을 벗겨 나박썰기 하고, 대파는 어슷하게 썬다.

2 냄비에 쌀뜨물을 붓고 끓여 끓어오르면 대구살과 나박 썬 무, 어슷 썬 대파를 넣어 끓인다.

3 대구살이 익으면 다진 마늘을 넣고 소금으로 간한 후 한소끔 더 끓인다.

고혈압인을 위한 Cooking Tip
소금을 아주 조금만 넣어 간하고, 쌀뜨물을 육수로 이용하는 것이 맛내기 비결이다.
육수가 팔팔 끓을 때 대구살을 넣어야 부스러지지 않으며, 거품을 잘 걷어내야 시원하고 깔끔한 맛이 난다.

총열량
45kcal

염분
0.349g

단백질
7.1g

지방
1.3g

탄수화물
2.7g

시금치국

시금치는 비타민과 철분, 인 등 무기질을 고루 갖춘 천연 종합영양제입니다. 채소 중에 드물게 단백질도 포함되어 있어 균형 잡힌 영양을 섭취하기에 그만입니다. 그래서 성장기 어린이나 임산부에게 추천하는 대표 채소입니다.

재료 시금치 1줌, 소금 약간, 모시조개 4개, 소금 약간, 다시마 멸치국물 2컵, 된장 0.5, 다진 마늘 0.3

만드는 법

1 시금치는 끓는 물에 소금을 약간 넣고 살짝 데쳐 찬물에 헹궈 꼭 짠다.

2 모시조개는 옅은 소금물에 담가 해감한다.

3 냄비에 모시조개를 넣고 다시마 멸치국물을 부은 후 된장을 체에 걸러 곱게 풀어 넣고 끓인다. 모시조개의 입이 벌어지면 다진 마늘을 넣고 살짝 끓인 후 데친 시금치를 넣고 한소끔 더 끓인다.

고혈압인을 위한 Cooking Tip
다시마 멸치국물을 사용하면 깊은 맛이 날 뿐만 아니라 소금이나 간장을 사용할 필요가 없다.
*다시마 멸치국물 내는 법은 133쪽 참조

쇠고기 무국

쇠고기는 성장과 활동에 필요한 필수아미노산이 풍부하여 어린이나 노약자에게는 필수적인 식재료입니다. 고혈압 환자는 무조건 육류라며 쇠고기를 피할 것이 아니라, 살코기 위주로 조리법에 신경을 써서 섭취하는 것이 중요합니다.

총열량
132kcal

염분
1.096g

단백질
81.1g

지방
9.9g

탄수화물
3.2g

주재료 쇠고기(양지머리) 1줌, 무(5cm) 1토막, 대파(7cm) 1대, 참기름 약간, 쇠고기 삶은 국물 2컵, 국간장 0.3 **쇠고기 육수 재료** 물 4컵, 자투리 무 약간, 생강 1/2톨, 마늘 2쪽, 통후추 약간 **쇠고기 양념 재료** 다진 파 0.5, 다진 마늘 0.3, 후춧가루 · 참기름 약간씩

만드는 법

1 냄비에 쇠고기와 육수 재료를 모두 넣고 30분 정도 끓인다. 쇠고기는 건져 잘게 찢어 양념 재료로 무치고, 삶은 물은 면보자기에 걸러 준비한다. **2** 무는 나박썰기 하고 대파는 어슷하게 썬다. **3** 냄비에 참기름을 두르고 쇠고기와 무를 넣어 달달 볶다가 쇠고기 삶은 물을 붓고 끓여 끓어오르면 대파를 넣고 국간장으로 간하여 한소끔 더 끓인다.

- -
고혈압인을 위한 Cooking Tip
양지머리를 넣고 끓일 때 기름이 둥둥 떠오르면 숟가락으로 걷어내고 다시 끓이는 과정을 여러 번 반복해야 국물이 맑아진다.
- -

총열량
56kcal

염분
0.437g

단백질
9.1g

지방
1.3g

탄수화물
2.1g

버섯국

수많은 종류의 버섯은 거의 모두 과학적으로 가장 확실하게 입증된 항암 식재료입니다. 특히 표고버섯과 팽이버섯은 값이 싸면서도 면역력 증진에 효과적인, 효자 식품이지요. 팽이버섯은 항암 효과는 물론 콜레스테롤을 떨어뜨리는 효능도 지녔습니다.

재료 표고버섯 1개, 팽이버섯 1줌, 다시마 멸치국물 3컵, 된장 0.3, 다진 마늘 약간, 달걀 1개, 실파 약간

만드는 법

1 표고버섯은 물에 불린 다음 채썰고, 팽이버섯은 밑동을 잘라 먹기 좋은 분량으로 찢는다.

2 냄비에 다시마 멸치국물을 붓고 된장을 체에 걸러 풀어 넣은 다음 다진 마늘을 넣고 끓인다.

3 ②가 팔팔 끓으면 달걀을 깨어 풀어 넣고 버섯, 실파를 넣고 살짝 끓인다.

- - - - - - - - - - - - - - - - - - -
고혈압인을 위한 Cooking Tip
다시마 멸치국물이 팔팔 끓어오르면 버섯을 넣고 살짝 끓여야 버섯의 영양소가 파괴되지 않으며 향도 그대로 살릴 수 있다.

저염식 감자국

고혈압 환자에게 가장 좋은 국은 감자국입니다. 감자는 혈압을 떨어뜨리는 데 아주 좋은 식재료일 뿐만 아니라 소금을 전혀 넣지 않고도 제 맛을 즐길 수 있어요. 열을 내리고 뛰어난 해독 효과를 지녀 민간에 서는 화상과 농약 중독일 때 응급치료로 감자를 갈아먹거나 화상을 입은 부위에 붙이기도 했습니다.

총열량
74kcal

염분
1.278g

단백질
6.3g

지방
0.5g

탄수화물
12.3g

재료 멸치(큰 것) 3개, 다시마(5cm×5cm) 1장, 물 4컵, 감자(작은 것) 1개, 대파(10cm) 1대, 다진 마늘 0.3, 국간장 0.5

만드는 법

1 멸치는 내장을 뺀다. 냄비에 다시마 우린 물과 멸치를 넣고 15분 정도 끓여 멸치는 건져낸다.

2 감자는 껍질을 벗겨 반으로 잘라 납작 납작하게 썰고, 대파는 어슷하게 썬다.

3 다시마 우린 물에 감자를 넣고 강한 불로 끓이다가 어슷 썬 대파와 다진 마늘, 국간장을 넣어 한소끔 끓인다.

고혈압인을 위한 Cooking Tip
멸치와 다시마 우린 물을 15분 이상 푹 끓인 물로 국물을 내는 것이 맛내기 비법. 다시마 우린 물은 다시마를 물에 담가 하룻밤 정도 두면 된다.

총열량
69kcal

염분
1.295g

단백질
7g

지방
1.2g

탄수화물
7.9g

 굴국

굴에는 남성의 정자를 만드는 아연이란 성분이 풍부하며, 당질은 대부분이 글리코겐으로 소화 흡수가 잘 되어 허약 체질이나 환자의 회복식으로 아주 좋아요. 특히 멜라닌 색소를 파괴하는 성분을 함유하고 있어 여성들의 피부 미용식으로도 추천합니다.

재료 굴 1/2컵, 무(5cm) 1토막, 실파 1뿌리, 붉은 고추 1/2개, 다시마 멸치국물 2컵, 다진 마늘 · 국간장 0.3씩

만드는 법

1 굴은 체에 밭쳐 찬물에 살살 흔들어 씻는다.

2 무는 껍질을 벗겨 나박썰기 한다. 실파는 송송 썰고, 붉은 고추는 어슷하게 썰어 씨를 빼낸다.

3 냄비에 다시마 멸치국물을 붓고 무를 넣어 끓이다가 무가 익기 시작하면 다진 마늘과 국간장을 넣는다. 굴, 실파, 붉은 고추를 넣고 한소끔 끓인다.

- -
고혈압인을 위한 Cooking Tip
다시마 멸치국물을 이용하면 소금 사용을 크게 줄일 수 있고, 무를 넉넉하게 넣으면 시원한 맛이 난다.
- -

근대국

총열량
68kcal

염분
1.829g

단백질
5.9g

지방
1.4g

탄수화물
10.2g

근대는 비타민과 무기질 함량이 높고 아미노산이 풍부한 영양가 높은 채소입니다. 그러나 수산이 많이 함유되어 있으므로, 체내에서 수산석회가 되어 결석이 만들어질 위험이 높은 옥살산(oxalic acid)이 많은 시금치와는 함께 요리하지 않는 것이 좋습니다.

재료 근대 1줌, 소금 약간, 대파(5cm) 1대, 다시마 멸치국물 2컵, 된장 1, 고추장 0.3

만드는 법

1 근대는 물에 씻어 끓는 물에 소금을 넣고 살짝 데친 다음 찬물에 헹궈 먹기 좋은 크기로 썬다. 근대같은 녹색채소는 따로 데쳐 국을 끓여야 잔류 농약을 없앨 수 있다.
2 대파는 어슷하게 썬다.
3 냄비에 다시마 멸치국물을 붓고 끓여 끓어오르면 된장과 고추장을 풀어 넣고, 데친 근대를 넣고 끓인다. 근대가 익으면 대파를 넣고 한소끔 끓인다.

고혈압인을 위한 Cooking Tip
다시마 멸치국물을 낼 때 무나 조개 등을 넣어 끓이면 훨씬 개운한 맛이 난다.

총열량
38kcal

염분
0.363g

단백질
5.8g

지방
1.3g

탄수화물
0.6g

미역국

미역은 혈압을 낮추고 변비를 해소하며 콜레스테롤 등 노폐물을 배설하는 작용을 합니다. 흔히 미역 하면 산모들의 식품으로 여기기 쉽지만 사실은 성장기 어린이에게 꼭 필요한 식품입니다. 미역에는 뇌세포의 피로를 풀어주는 영양소와 칼슘도 많이 들어 있습니다.

재료 물미역 1줌, 다진 마늘 0.3, 참기름 0.5, 다시마 멸치국물 2컵, 국간장 0.3

만드는 법

1 물미역은 찬물에 여러 번 헹구어 10분 정도 물에 불려 소금기를 없앤다. 단단한 줄기는 가위로 잘라내 사용한다.

2 냄비에 미역을 넣고 다진 마늘, 참기름을 넣고 달달 볶는다.

3 ②에 다시마 멸치국물을 붓고 5분 정도 끓인 다음 국간장으로 간한다.

고혈압인을 위한 Cooking Tip
물미역을 여러 번 찬물을 갈아가며 헹구는 것이 염분을 낮추는 비결이다.

조개탕

소화 흡수가 잘 되는 바지락은 시원한 맛과 감칠맛이 뛰어나 탕으로 끓여 먹으면 좋습니다. 바지락에는 필수아미노산이 골고루 들어 있고 철분, 코발트 등 조혈성분이 풍부합니다. 그리고 칼슘, 비타민 $B_1 \cdot B_2$ 성분을 포함하고 있어 간을 보호하고 해독 작용을 돕습니다.

총열량 54kcal

염분 0.099g

단백질 0.7g

지방 0.6g

탄수화물 0.5g

재료 바지락 1+1/2줌, 소금 약간, 실파 1뿌리, 물 2컵, 국간장 · 다진 마늘 0.3씩

만드는 법

1 바지락은 소금으로 박박 문질러 깨끗하게 씻는다.
2 실파는 송송 썬다.
3 냄비에 바지락을 담고 찬물을 부은 다음 뚜껑을 덮고 끓이다가 조개가 입을 벌리면 건진다. 냄비에 물, 국간장, 다진 마늘을 넣고 끓여 끓어오르면 바지락과 실파를 넣고 한소끔 끓인다.

고혈압인을 위한 Cooking Tip
바지락은 소금을 뿌려 문질러 씻어야 불순물이 깔끔하게 제거된다. 또 찬물에 바지락을 넣고 끓여야 국물 맛이 제대로 난다.

세계 장수지역에서 배우는
혈압을 낮추는 비결

지중해 연안

서구인들의 주식인 육류 대신 지중해에서 수확한 신선한 해산물을 주식으로 하며 채소, 과일도 풍부하게 섭취하기 때문에 영양학적으로 훌륭한 식단이라 할 수 있습니다. '고지방식'임에도 장수 식단으로 주목받는 이유는 지방의 대부분을 올리브오일, 생선 등의 불포화지방에서 얻기 때문입니다. 이러한 지중해식 식사는 심장·혈관질환, 암, 당뇨병의 예방과 치료에 좋아요.

일본 오키나와

오키나와가 장수촌이란 별명을 얻은 것은 음식과 생활습관 덕분이에요. 오키나와 사람들은 육체적·정신적으로 적절한 운동을 하고 저지방·저염식에 항산화물질이 풍부한 채소와 과일 위주의 식사를 합니다. 물론 소식은 기본이고요. 또 오키나와의 고혈압 발병률이 매우 낮은 이유는 콩에 있는데, 하루에 섭취하는 콩의 양이 평균 60~120g이나 된대요.

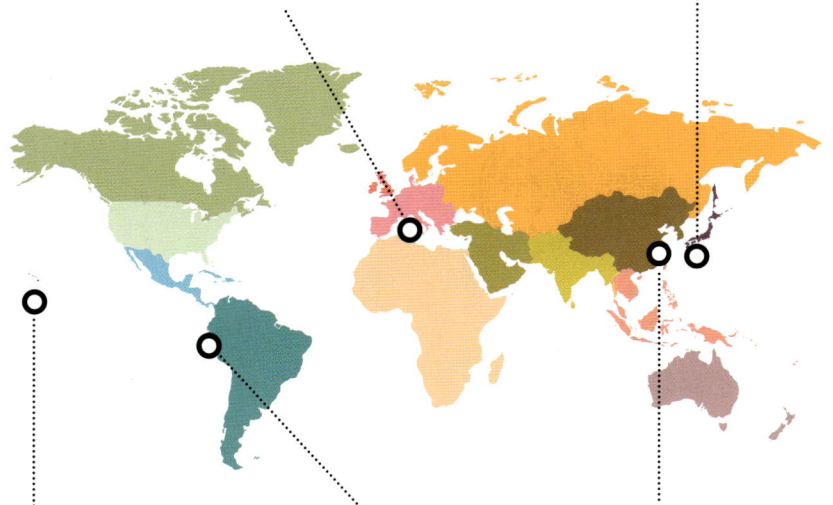

미국 하와이

하와이 사람들은 신선한 생선과 채소를 주식으로 섭취하며, 파파야 등 풍부한 비타민 공급원인 열대과일을 자주, 많이 섭취함으로써 건강하게 장수할 수 있습니다. 그리고 깨끗한 자연환경도 한몫 톡톡히 합니다.

에콰도르 비르카밤바

장수 노인들은 혈압을 내리는 감자와 옥수수, 콩을 즐겨 먹으며 과일도 풍부하게 섭취합니다. 규칙적인 운동과 적절한 휴식도 장수의 일등공신이며 고산지대의 맑은 공기와 깨끗한 물도 빼놓을 수 없습니다.

중국 구이양·메이현

중국의 대표적인 장수지역인 구이양과 메이현의 주식은 콩입니다. 콩은 고기와 맞먹는 지질과 단백질을 함유하고 있는데, 심장병, 고혈압, 동맥경화를 일으키지 않는 우수한 식품입니다.

입맛과 건강 지키는
맛깔스런

반찬

애호박 나물

애호박에는 비타민, 무기질, 섬유질이 풍부한데 그중에서도 염분을 빼내는 칼륨 성분이 풍부합니다. 애호박의 당분은 소화 흡수가 잘 되어 위장이 약하고 마른 사람에게 추천할 만한 식품입니다. 또 부기를 빼주는 성분도 포함되어 있어 다이어트에도 효과적입니다.

재료 애호박 1/3개, 양파 1/4개, 올리브 오일 0.5, 다진 마늘·참기름·깨소금 0.3씩, 소금 약간

만드는 법

1 애호박은 반으로 잘라 0.3cm 두께로 썰고 양파는 채썬다.
2 팬에 올리브 오일을 두르고 다진 마늘을 넣어 볶다가 익으면 애호박과 양파를 넣어 볶는다.
3 애호박과 양파가 익기 시작하면 참기름, 깨소금, 소금을 넣고 살짝 볶는다.

고혈압인을 위한 Cooking Tip
볶을 때 식용유 대신 불포화지방산이 풍부한 올리브 오일을 이용하면 나쁜 콜레스테롤 수치를 떨어뜨려 고혈압이나 심장병 등 성인병을 예방하는 데 도움이 된다.

연근조림

연근은 조혈 작용이 뛰어나며, 나트륨을 배설하는 효능도 탁월합니다. 또한 혈관을 튼튼하게 하는 비타민 C가 풍부하여 혈압을 조절하는 데도 도움이 되지요. 연근의 비타민 C는 레몬 1개와 맞먹는 함량으로, 열에도 쉽게 파괴되지 않습니다.

총열량
63kcal

염분
0.083g

단백질
1.6g

지방
0.8g

탄수화물
13g

주재료 연근(7cm) 1개, 올리브 오일 0.5, 통깨 약간 **식촛물 재료** 식초 1, 물 1컵 **양념장 재료** 간장 · 조청 1씩, 꿀 · 맛술 · 참기름 0.5씩

만드는 법

1 연근은 식촛물에 30분 정도 담가 아린 맛을 제거한 다음 찬물에 헹궈 물기를 빼 얄팍하게 썬다.
2 조청과 참기름을 뺀 나머지 재료를 모두 섞어 양념장을 만든다.
3 팬에 올리브 오일을 두르고 연근을 넣어 볶다가 노릇하게 익으면 양념장을 끼얹어 가며 졸인다. 연근이 다 익으면 조청, 참기름을 넣고 뒤적인 다음 통깨를 뿌린다.

고혈압인을 위한 Cooking Tip
고혈압 환자의 반찬으로 만드는 연근조림은 연근을 얇게 썰고 간장을 약간 넣어 골고루 간이 배도록 한다. 연근이 다 익은 후에 조청을 넣어야 부드럽게 조려지고 윤기도 난다.

총열량
81.9kcal

염분
0.070g

단백질
10.7g

지방
0.2g

탄수화물
22.4g

저염식 과일 물김치

고혈압 환자의 식탁에 염분이 많은 김치를 올리는 것은 금물입니다. 대신 과일을 재료로 만든 물김치나 소금에 살짝 절인 백김치를 올리세요. 과일물김치는 배와 사과 등 과일 특유의 단맛이 짠맛을 잊게 하므로 고혈압 환자에게는 안성맞춤입니다.

주재료 배·사과 1/4개씩, 무(3cm) 1토막, 미나리 약간, 생수 2컵
양념 재료 식초 3, 간장·설탕·유자청 1씩

만드는 법

1 배, 사과, 무는 껍질을 벗겨 납작납작하게 썰고, 미나리는 물에 씻어 먹기 좋은 길이로 썬다.
2 식초, 간장, 설탕, 유자청을 모두 섞은 다음 배, 사과, 무, 미나리를 넣고 버무린다.
3 생수를 붓고 냉장실에 넣어 차게 해 먹는다.

고혈압인을 위한 **Cooking Tip**
과일물김치는 그때그때 조금씩 만들어 먹어야 과일의 아삭한 맛을 즐길 수 있다.

새우 마늘종 볶음

총열량
58.8kcal

염분
0.411g

단백질
6.5g

지방
1.4g

탄수화물
5.1g

마른 새우에는 단백질 함량이 무려 60%나 되는 등 생새우보다 영양이 풍부합니다. 새우의 단백질은 필수아미노산이 많고, 글리신이라는 아미노산이 새우 특유의 풍미를 냅니다. 어혈을 풀어주는 작용을 하여 뇌졸중 예방에 효과적입니다.

주재료 마늘종 · 마른 새우 1줌씩, 올리브 오일 0.5, 고추기름 1, 참기름 · 깨소금 약간씩
양념장 재료 진간장 1, 조청 · 설탕 0.5씩

만드는 법

1 마늘종은 5cm 길이로 썰고, 마른 새우는 올리브 오일을 두른 팬에 넣어 달달 볶는다.
2 분량의 재료를 모두 섞어 양념장을 만든다.
3 팬에 고추기름을 두르고 마늘종과 마른 새우를 넣어 볶다가 재료가 살짝 익으면 팬 가장자리로 양념장을 부어 국물이 잦아들 때까지 볶는다. 마지막에 참기름, 깨소금을 뿌린다.

고혈압인을 위한 Cooking Tip
마늘종과 고추기름 등 매운 맛이 들어가면 소금을 넣지 않아도 맛이 난다.

총열량
105kcal

염분
0.211g

단백질
10.5g

지방
5.3g

탄수화물
4.4g

두부 콩나물 무침

몸에 이로운 식물성 단백질이 풍부한 두부와 콩나물이 뭉쳤으니 오늘 밥상에서 단백질 걱정은 하지 않아도 됩니다. 콩나물은 콩 자체에 풍부한 영양을 함유하고 있는데다 싹이 돋으며 비타민 C가 더욱 풍부해집니다. 먹다 남은 콩나물 무침을 이용해도 됩니다.

주재료 두부 1/4모, 콩나물 1/2줌, 소금 약간, 올리브 오일 1

양념장 재료 다진 마늘 · 참기름 · 고춧가루 0.3씩, 소금 · 통깨 약간씩

만드는 법

1 두부는 먹기 좋은 크기로 네모지게 썰어 올리브 오일을 두른 팬에 넣어 노릇노릇하게 지진다.

2 콩나물은 손질하여 끓는 물에 소금을 약간 넣어 살짝 데쳐 물기를 뺀다.

3 분량의 재료를 모두 섞어 양념장을 만들어 콩나물을 무친 다음 접시에 담고 그 옆에 두부를 담는다.

고혈압인을 위한 Cooking Tip
데친 콩나물은 설렁설렁 무쳐야 물러지지 않고 아삭함을 살릴 수 있다.

고춧잎 무침

비타민 C가 매우 풍부한 고춧잎은 매운맛을 내는 캡사이신 성분 덕분에 몸 안의 노폐물을 배설함과 동시에 신진대사를 촉진하여 다이어트에 효과적입니다. 고춧잎 무침은 입맛이 없을 때 밥상에 올리면 고춧잎 특유의 쌉싸래한 감칠맛이 밥맛을 돋웁니다.

총열량
37kcal

염분
0.240g

단백질
4.8g

지방
0.5g

탄수화물
6g

주재료 고춧잎 1+1/2줌, 소금 약간
양념 재료 다진 파·국간장·참기름 0.5씩, 다진 마늘·고춧가루 0.3씩, 깨소금·소금 약간씩

만드는 법

1 고춧잎은 끓는 물에 소금을 약간 넣어 푸릇푸릇하게 데쳐 찬물에 헹궈 물기를 꼭 짜서 먹기 좋은 크기로 자른다.
2 분량의 양념 재료를 모두 넣어 골고루 섞은 다음 데친 고춧잎을 넣고 조물조물 무친다.

고혈압인을 위한 Cooking Tip
고춧잎은 끓는 물에 4~5분 정도 데치면 부드러워지는데 그래도 질긴 줄기 부분은 골라내고 무친다. 마른 고춧잎은 물에 담가 부드럽게 불려 잡티를 제거하고 사용한다.

총열량
32.4kcal

염분
0.169g

단백질
2.9g

지방
0.9g

탄수화물
4.5g

비름나물

'비름나물은 고혈압에 좋지 않다' 는 속설은 왜곡된 말입니다. 한방에서 쇠비름으로 불리는 비름나물은 흔히 염증성 질환에 약으로 쓰일 만큼 약효가 강해서 너무 자주 먹지 말라는 의미가 와전된 듯합니다. 식이섬유와 무기질이 풍부한 비름나물은 적은 양으로 포만감을 줍니다.

주재료 비름나물 1+1/2줌, 소금 약간
양념 재료 다진 파 · 된장 · 참기름 0.5씩, 고춧가루 · 다진 마늘 0.3씩, 깨소금 약간

만드는 법

1 비름나물은 끓는 물에 소금을 약간 넣고 데쳐 찬물에 헹군 다음 먹기 좋은 크기로 자른다.
2 분량의 모든 양념 재료를 한데 섞은 다음 삶은 비름나물을 넣어 조물조물 무친다.

고혈압인을 위한 Cooking Tip
조리 시 딱딱한 줄기는 질겨서 소화가 안 되므로 데치기 전에 미리 잘라낸다.

두부 샐러드

가장 서민적이고 영양가 높은 식품으로 두부를 빼놓을 수 없죠. 두부는 다른 식재료와 조화를 잘 이루고 풍부한 영양에 값도 저렴해 오랫동안 밥상의 건강식으로 대접 받아왔습니다. 두부는 열을 가라앉히는 소염작용이 크며 어혈을 제거하는 효과가 있습니다.

총열량
101kcal

염분
0.116g

단백질
9.5g

지방
4.6g

탄수화물
6.5g

주재료 두부 1/4모, 양상추 2장, 오이 1/2개, 방울 토마토 2개
드레싱 재료 당근즙 · 올리브 오일 1씩, 식초 0.5, 양파즙 · 유자청 0.3씩, 소금 약간

만드는 법

1 두부는 끓는 물에 살짝 데쳐 식힌 후 깍 둑썰기 한다. 양상추는 먹기 좋은 크기로 뜯어놓고, 오이와 방울토마토는 동글납 작하게 썰어 얼음물에 살짝 담갔다가 건 진다.

2 분량의 재료를 모두 섞어 드레싱을 만 든다.

3 넓은 접시에 두부, 양상추, 오이, 방울 토마토를 담고 드레싱을 뿌린다.

고혈압인을 위한 Cooking Tip
매끼 단백질을 섭취해야 하는 고혈압 환자에게 두부는 활용 가치가 높다. 끓는 물에 두부를 살짝 데쳐 찬물을 담은 밀폐용기에 넣어 냉장실에 보관하면 비교적 오래 먹을 수 있다.

총열량
27kcal

염분
0.029g

단백질
0.04g

지방
3g

탄수화물
0.02g

새송이버섯구이

무기질 함량이 높은 새송이버섯은 콜레스테롤을 떨어뜨리고 혈액순환을 촉진하는 효과가 있습니다. 특히 단백질 함량이 풍부하여 생고기처럼 구워서 유장에 찍어 먹으면 마치 쇠고기 씹는 맛이 나며 속도 든든합니다.

주재료 새송이버섯 1개, 들기름 1, 송송 썬 실파 0.3
유장 재료 참기름 2, 간장 0.5

만드는 법

1 새송이버섯은 물에 씻어 물기를 없앤 다음 길이로 얇게 썬다.
2 팬에 들기름을 두르고 새송이버섯을 넣어 살짝 구운 다음 기름기를 빼 접시에 담고 실파를 뿌린다.
3 참기름과 간장을 섞어 유장을 만들어 새송이버섯구이에 곁들인다.

고혈압인을 위한 Cooking Tip
버섯은 조리하기 직전에 물에 씻어 물기를 빼야 독특한 향을 살릴 수 있다. 또 새송이버섯은 대가 굵고 곧은 것, 갓 부분이 두껍고 상처가 없는 것을 고른다.

멸치 꽈리고추 볶음

멸치만큼 뼈에 좋은 식품도 없습니다. 멸치에는 칼슘 외에 철분, 회분, 인 등 골격 형성에 중요한 미네랄 성분이 풍부합니다. 어린이나 갱년기 여성들은 매일 중간 크기의 멸치 5~6개 정도, 잔멸치는 2숟가락 정도씩 섭취하는 것이 좋습니다.

총열량
39kcal

염분
0.345g

단백질
5g

지방
1.8g

탄수화물
1.2g

재료 꽈리고추 5개, 들기름 1, 멸치 1/2줌, 다진 마늘·간장 0.3씩, 깨소금 약간

만드는 법

1 꽈리고추는 물에 씻어 꼭지를 떼고 큰 것은 반으로 자른다.
2 팬에 들기름을 두르고 멸치를 넣어 달달 볶다가 어느 정도 익으면 꽈리고추를 넣고 볶는다.
3 꽈리고추의 숨이 죽으면 다진 마늘, 간장, 깨소금을 넣고 살짝 볶는다.

고혈압인을 위한 Cooking Tip

멸치 꽈리고추 볶음은 멸치가 지닌 짭짤한 맛으로 소금을 넣지 않아도 되기 때문에 고혈압 환자의 밑반찬으로 적당하다. 맛내기 비결은 멸치를 볶을 때 양질의 불포화지방산이 가득한 들기름을 사용하는 것이다.

오이선

오이는 90% 이상이 수분인데다 칼륨과 나트륨이 골고루 들어 있어 이뇨 작용에 탁월한 효과가 있습니다. 비타민 C도 풍부해 여성들의 미용 식재료로도 그만입니다.

주재료 오이 1/2개, 달걀 1개, 표고버섯 2개
양념장 재료 간장 0.5, 다진 마늘 · 설탕 0.3씩, 다진 파 0.5, 참기름 · 깨소금 · 후춧가루 약간씩
식촛물 재료 식초 1, 물 · 설탕 0.5씩

만드는 법

1 오이는 반 갈라 칼집을 내어 썬다. 달걀은 황 · 백 지단을 부쳐 곱게 채썰고, 표고버섯은 밑동을 떼어내고 곱게 채썬다.
2 분량의 재료를 모두 섞어 양념장과 식촛물을 만든다.
3 팬에 표고버섯과 양념장을 넣어 볶는다. 오이는 물기를 제거하고 기름을 두르지 않은 팬에 살짝 볶는다. 오이의 칼집 사이에 표고버섯과 달걀지단을 끼워넣고 식촛물을 뿌린다.

고혈압인을 위한 Cooking Tip
예로부터 수랏상에 오른 고급스러운 음식인 오이선. 대개는 오이를 소금에 절였다가 쓰는데, 먹기 직전에 식촛물을 만들어 끼얹어 먹으면 색도 변하지 않고 맛도 훨씬 좋다.

다시마 감자조림

다시마에는 혈압을 내려주는 라미닌 성분이 들어 있어, 꾸준히 먹으면 고혈압을 개선하는 데 도움이 됩니다. 또한 다시마 특유의 미끈거리는 성분인 아르긴산이 많아 암세포를 억제하는 효과도 있습니다.

총열량 59kcal

염분 0.274g

단백질 2.3g

지방 1g

탄수화물 10g

재료 다시마(5cm×5cm) 2장, 물 1컵, 감자(작은 것) 1개, 들기름 0.5, 진간장 1, 다진 마늘 0.3, 조청 0.5, 통깨 약간

만드는 법

1 냄비에 다시마와 물을 넣고 5분 정도 팔팔 끓여 다시마는 건져 먹기 좋은 크기로 썰고, 국물은 따로 준비한다.

2 감자는 껍질을 벗겨 먹기 좋은 크기로 깍둑썰기 한다.

3 냄비에 들기름을 두르고 감자를 넣어 살짝 볶다가 다시마 국물을 붓고 끓인다. 감자가 어느 정도 익으면 다시마와 진간장, 다진 마늘, 조청을 넣고 살짝 볶은 다음 통깨를 뿌린다.

고혈압인을 위한 Cooking Tip
다시마국물로 감자를 조리면 간장 사용량을 절반 이상 줄일 수 있다. 다시마국물을 우릴 때 사용한 다시마는 버리지 말고 감자조림에 함께 넣어 볶아 먹으면 변비 예방에 도움이 된다.

총열량
24kcal

염분
0.370g

단백질
1.6g

지방
1.2g

탄수화물
2.5g

깻잎나물

특유의 개운한 맛을 지닌 깻잎은 나트륨의 배설을 촉진하며 혈액순환을 돕는 효과가 뛰어납니다. 그리고 비타민 C도 풍부하여 여러모로 고혈압 환자에게는 이로운 식품입니다. 하지만 염분이 많은 깻잎장아찌보다는 담백한 깻잎나물을 추천합니다.

재료 깻잎 1+1/2줌, 소금 약간, 다진 마늘·다진 파 0.5씩, 깨소금·다시마가루(또는 표고버섯가루) 약간씩, 들기름 1

만드는 법

1 깻잎은 끓는 물에 소금을 약간 넣고 살짝 데쳐 찬물에 헹궈 물기를 꼭 짠다.
2 다진 마늘, 다진 파, 깨소금, 다시마가루를 잘 섞어 데친 깻잎을 넣고 조물조물 무친다.
3 팬에 들기름을 두르고 깻잎을 넣어 살짝 볶는다.

고혈압인을 위한 Cooking Tip
데친 깻잎은 먼저 양념에 조물조물 무친 다음 볶으면 더 깊은 맛이 나며, 소금 대신 다시마 가루나 표고버섯 가루로 간한다.

삼치구이

총열량
151kcal

염분
0.087g

단백질
15.5g

지방
8.4g

탄수화물
0.08g

삼치에는 몸 안의 나쁜 콜레스테롤을 제거해 동맥경화를 예방해주는 DHA가 풍부합니다. 특히 삼치의 어유(魚油)는 더러워진 혈관을 깨끗이 청소하여 혈압을 떨어뜨리는 작용을 합니다. 고혈압 환자는 등푸른생선을 먹을 때 소금 대신 레몬즙을 이용하면 혈압 상승을 막을 수 있습니다.

재료 삼치 1/2마리, 레몬 1/2개

만드는 법

1 삼치는 머리, 꼬리를 잘라내고 내장을 제거한 후 물에 깨끗이 씻는다.
2 손질한 삼치를 길이로 반 가른다.
3 달군 석쇠 위에 삼치를 올리고 앞뒤로 노릇노릇하게 구운 다음 먹기 직전에 레몬즙을 듬뿍 뿌린다.

고혈압인을 위한 Cooking Tip
삼치는 소금에 절이지 않은 것을 고르고 레몬즙을 듬뿍 뿌려 부족한 짠맛을 상쇄시킨다.

총열량
131kcal

염분
0.206g

단백질
11g

지방
7.3g

탄수화물
4.4g

두부 치즈부침

혈압이 높은 사람은 매끼 단백질을 섭취해야 하지만 기름기를 제한해야 하므로 식물성 단백질인 두부를 다양한 메뉴로 활용하는 것이 좋습니다. 고기로만 단백질을 섭취하려고 하면 콜레스트롤 섭취도 많아지기 때문입니다.

재료 두부 1/3모, 치즈 1+1/2장, 들기름 · 간장 1씩, 조청 · 맛술 0.3씩, 물 3

만드는 법

1 두부는 키친타월로 물기를 제거하여 먹기 좋은 크기로 썰고 치즈도 두부 크기로 자른다.
2 들기름을 두른 팬에 두부를 넣고 노릇노릇하게 굽는다.
3 간장, 조청, 맛술, 물을 섞어 팬에 붓고 보글보글 끓인다. 양념이 끓어오르면 치즈를 올린 두부를 팬에 넣어 뚜껑을 덮은 다음 치즈가 살짝 녹을 때까지 익힌다.

고혈압인을 위한 Cooking Tip
두부는 강한 불에 구우면 가장자리가 딱딱해지므로 중간 불로 굽는다.

도라지나물

총열량 46kcal

염분 0.339g

단백질 0.8g

지방 2.1g

탄수화물 6.5g

도라지에는 거담제의 주된 성분인 사포닌이 매우 많습니다. 특히 특유의 맵고 쓴 맛은 사포닌과 이눌린 때문인데 바로 이 성분이 가래를 배출시키고 기침을 멈추게 하는 작용을 합니다. 또 도라지는 칼슘과 철분이 많은 알칼리성 식재료입니다.

재료 도라지 1줌, 소금 약간, 들기름 2, 다진 마늘 0.5, 소금 약간, 참기름·깨소금 0.3씩

만드는 법

1 도라지는 껍질을 벗겨 소금물에 담가 아린 맛을 뺀 다음 찬물에 헹군다.

2 도라지를 먹기 좋은 크기로 썰어 끓는 물에 살짝 데쳐 물기를 뺀다.

3 팬에 들기름을 두르고 도라지, 다진 마늘을 넣고 볶다가 소금, 참기름, 깨소금 을 뿌린다.

고혈압인을 위한 Cooking Tip
다진 마늘과 들기름을 넉넉하게 쓰면 담백한 맛과 도라지 특유의 향이 어우러져 소금으로 간을 하지 않아도 된다.

총열량
28kcal

염분
0.343g

단백질
0.8g

지방
1.6g

탄수화물
2.9g

무나물

무의 식이섬유는 콜레스테롤을 제거하고 체중 감량에 도움을 주어 고혈압 환자에게 이롭습니다. 또한 어혈을 푸는 효과도 커서 민간에서는 타박상으로 몸이 부었을 때 무생즙을 붙이곤 했습니다.

재료 무(5cm) 1토막, 소금 약간, 참기름 0.5, 다진 마늘 · 깨소금 0.3씩

만드는 법

1 무는 껍질째 소금물에 담가 솔로 박박 문질러 깨끗이 씻은 다음 채썬다.
2 냄비에 무채를 넣고 물을 자작하게 부은 다음 뚜껑을 덮어 끓인다.
3 무가 익으면 꺼내 물기를 제거하고 참기름, 다진 마늘, 깨소금을 넣고 살짝 무친다.

고혈압인을 위한 Cooking Tip
무는 껍질에 비타민 C가 많으므로 온전히 섭취하려면 껍질째 조리하는 것이 좋다.

무조림

예로부터 민간에 전해오는 '무를 많이 먹으면 속병이 없다'는 말처럼 무에는 소화효소가 풍부하여 천연 소화제로 불립니다. 또 신장이 제대로 기능을 발휘하지 못해 몸이 자주 붓는 경우 무 삶은 물을 하루에 한 공기씩 마시면 효과를 볼 수 있습니다.

총열량
37kcal

염분
0.418g

단백질
1.6g

지방
2g

탄수화물
3.8g

재료 무(5cm) 1토막, 간장 · 고춧가루 · 들기름 · 깨소금 0.5씩

만드는 법

1 무는 껍질째 깨끗이 씻어 반 잘라 도톰 하게 썬다.

2 냄비에 무를 넣고 물을 자작하게 부어 익힌다.

3 팬에 익힌 무와 간장, 고춧가루, 들기 름, 깨소금을 넣고 조린다.

고혈압인을 위한 Cooking Tip
갈비찜이나 생선조림을 만들 때 무를 넣어 조리는 방 식인데, 고기, 생선은 빼고 무만 재료로 써도 비슷한 맛을 낼 수 있다. 무조림에 사용할 무는 도톰하게 썰어 야 먹음직스럽다.

총열량
59kcal

염분
0.033g

단백질
1g

지방
4.5g

탄수화물
4g

표고버섯 볶음

표고버섯은 천식을 치료하고 뼈와 장기를 보호하는 효과가 있습니다. 특히 칼슘과 비타민 D가 풍부하여 골다공증 예방에 탁월한 효과를 발휘하지요. 표고버섯은 고기가 당길 때 먹으면 좋은 메뉴로, 100g당 50칼로리로 열량이 낮아 체중 감량에도 도움이 됩니다.

재료 표고버섯 3개, 당근 1/5개, 피망 1/4개, 올리브 오일 1, 다진 마늘 0.3, 다시마가루 · 참기름 · 깨소금 약간씩

만드는 법

1 표고버섯은 끓는 물에 살짝 데쳐 물기를 꼭 짠 다음 채썬다.
2 당근과 피망은 물에 씻어 채썬다.
3 팬에 올리브 오일을 두르고 당근과 피망을 넣고 볶다가 표고버섯과 다진 마늘, 다시마가루를 넣고 살짝 더 볶는다. 마지막에 참기름과 깨소금을 넣어 두세 번 버무린다.

고혈압인을 위한 Cooking Tip
버섯의 독특한 향을 살리려면 양념을 강하게 하지 않아야 한다. 또 버섯은 열에 약하므로 살짝 굽고, 국이나 찌개에 넣을 때에도 주재료가 다 익은 후에 넣어 살짝 끓여 먹어야 한다.

조기찜

단맛이 나면서 독이 전혀 없는 생선으로 위장이 약한 사람들에게 권장하고 싶은 생선입니다. 지방질이 적으면서도 단백질과 무기질, 비타민 등이 골고루 들어 있어 몸을 보해주는 효과가 큽니다. 그래서 이름도 조기(助氣)라고 붙였다고 해요.

총열량
352kcal

염분
0.98g

단백질
40g

지방
14g

탄수화물
5.7g

재료 조기 1마리, 양파 1/2개, 대파(5cm) 1대, 물 2, 간장 3, 맛술 1, 참기름 · 깨소금 0.3씩

만드는 법

1 조기는 칼로 비늘을 긁어 물에 깨끗이 씻는다.

2 양파는 얇게 채썰고 대파는 어슷하게 썬다.

3 냄비에 조기와 물, 간장, 맛술을 넣고 익히다가 대파, 양파를 넣고 한소끔 끓인다. 조기에 간이 배면 참기름, 깨소금을 넣는다.

고혈압인을 위한 Cooking Tip
조기는 흔히 소금을 뿌려 구워 먹지만 쪄 먹으면 훨씬 담백한 맛을 살릴 수 있고 소금 양도 줄일 수 있다.

양배추 볶음

양배추에는 위와 십이지장의 헌 점막을 재생시키는 데 탁월한 효과를 발휘하는 비타민 K · U가 많이 들어 있습니다. 비타민 U는 열에 쉽게 파괴되므로 위장을 치료하기 위한 목적이라면 생즙으로 먹는 것이 좋습니다.

주재료 양배추(큰 것) 1장, 당근 · 양파 · 피망 1/4개씩, 올리브 오일 1.5, 다진 마늘 · 참기름 0.3씩
양념장 재료 굴소스 · 두반장 0.3씩, 물 2

만드는 법

1 양배추, 당근, 양파, 피망은 먹기 좋은 크기로 네모지게 썬다.
2 분량의 재료를 모두 섞어 양념장을 만든다.
3 팬에 올리브 오일을 두르고 채소와 다진 마늘을 넣어 살짝 볶다가, 양념장을 붓고 강한 불에 재빨리 볶은 후 마지막에 참기름을 뿌린다.

고혈압인을 위한 Cooking Tip
감칠맛 내는 중국 식재료, 굴소스와 두반장. 굴소스는 중국의 대표적인 소스로, 볶음이나 조림, 요리에 조금씩 넣으면 감칠맛이 난다. 두반장은 누에콩과 붉은 고추 등을 섞어 만든 매콤한 맛이 나는 소스로 볶음 요리나 육류를 재울 때 주로 사용한다.

미역 초무침

혈압 조절에 좋은 대표적인 식재료 미역은 혈압을 낮추고 콜레스테롤 등 노폐물을 제거하며 섬유소도 풍부해 변비 예방에도 큰 도움이 되는 팔방미인입니다. 다량의 요오드도 함유하고 있으며, 강한 알칼리 식품으로 산성 체질을 중화시키는 데 좋습니다.

재료 생미역 줄기 1줌, 양파 1/4개, 식초 1.5, 간장·흑설탕 0.5씩, 고춧가루·다진 마늘·참기름 0.3씩

만드는 법

1 생미역 줄기는 찬물에 여러 번 헹궈 소금기를 뺀 후 먹기 좋은 크기로 썬다.
2 양파는 껍질을 벗겨 아주 얇게 채썬다.
3 생미역 줄기와 양파에 식초, 간장, 흑설탕, 고춧가루, 다진 마늘, 참기름을 넣고 조물조물 무친다.

고혈압인을 위한 Cooking Tip
식초가 주가 되는 음식에는 소금을 넣지 않아도 간이 필요없다.

곤약조림

흔히 구약감자라 불리는 곤약은 예로부터 비만이나 변비, 정장 작용에 효과적이어서 중국에서는 황제들의 비만 치료제로 쓰였습니다. 곤약은 칼로리가 매우 낮으면서도 포만감을 느낄 수 있기 때문에 혈압은 높은데 체중이 잘 빠지지 않을 때 이용하면 좋은 식품입니다.

재료 곤약 1/3모, 물 1/3컵, 간장 1.5, 조청 0.5, 다진 파 0.3, 다진 마늘 약간, 깨소금 0.5

만드는 법

1 곤약은 물에 깨끗이 씻어 먹기 좋은 크기로 썬 다음 뜨거운 물에 살짝 데쳐 물기를 뺀다.

2 냄비에 깨소금을 뺀 나머지 재료를 모두 섞어 넣고 살짝 끓인다.

3 ②에 곤약을 넣어 양념이 졸 때까지 나무주걱으로 뒤적여가며 익히다가 마지막에 깨소금을 뿌린다.

고혈압인을 위한 Cooking Tip
곤약요리에 기름을 사용하면 바로 흡수되어버리므로, 기름을 쓰지 않아야 칼로리 걱정을 덜 수 있다.

양파 감자전

양파와 감자는 고혈압 환자에게 모두 좋은 식재료입니다. 양파는 혈액 내 점도를 떨어뜨려 혈액순환을 돕는 항산화 식품입니다. 감자는 맛이 담백하고 다양하게 요리해 먹을 수 있는 채소로, 필수 아미노산을 골고루 함유하고 있습니다. 감자는 우유나 치즈 등과 곁들여 먹으면 영양 효율이 높아져요.

재료 감자·양파·풋고추 1/2개씩, 달걀 1개, 들기름 2

만드는 법

1 감자는 껍질을 벗긴 후 강판에 갈아 즙을 낸다.

2 양파, 풋고추는 잘게 다져 감자즙과 함께 볼에 담고 달걀을 깨어 넣어 잘 섞는다.

3 뜨겁게 달군 팬에 들기름을 둘러 팬에 기름이 고루 묻게 한 후, 반죽을 한 숟가락씩 떠서 노릇노릇하게 지진다.

고혈압인을 위한 Cooking Tip
전을 부칠 때 식용유 대신 들기름을 사용하면 동맥경화 예방에 좋다.

총열량
384kcal

염분
0.008g

단백질
8.6g

지방
2g

탄수화물
10g

버섯 다시마말이

다시마는 칼로리는 낮으며 각종 무기질이 많고 혈압을 떨어뜨리는 라미닌 성분이 풍부해서 고혈압 환자에게는 제격입니다. 단, 결핵이 있는 사람은 결핵균을 퍼지게 할 우려가 있으므로 멀리 하는 게 좋습니다. 버섯은 혈중 콜레스테롤을 감소시키는 구아닐산(guanylic acid)을 함유한 영양 만점 식재료입니다.

재료 다시마(5cm×5cm) 1장, 팽이버섯 · 표고버섯 1/4줌씩

만드는 법

1 다시마는 찬물에 여러 번 헹궈 소금기를 빼낸다.

2 팽이버섯은 밑동을 자르고 먹기 좋은 크기로 찢고, 표고버섯은 밑동을 잘라내고 곱게 채썬다.

3 키친타월로 다시마의 물기를 제거한 후, 김발 위에 얹고 팽이버섯과 표고버섯을 올려 김밥 말듯이 돌돌 말아 먹기 좋게 자른다. 초고추장을 곁들이면 좋다.

*초고추장 만드는 법은 142쪽 참조

- -

고혈압인을 위한 Cooking Tip
다시마는 찬물에 여러 번 헹구어 소금기를 충분히 제거한다. 또 버섯요리에는 되도록 양념을 적게 써야 버섯의 독특한 향을 즐길 수 있다.

양파 장아찌

양파에는 탁한 피를 맑게 하여 혈액순환을 개선하고 혈액 속의 혈전을 제거하는 성분이 들어 있습니다. 중국인들이 기름진 음식을 즐겨 먹음에도 불구하고 동맥경화 발생률이 낮은 이유는 그들 식탁에 빠지지 않는 양파 덕분입니다.

총열량
177kcal

염분
0.84g

단백질
4.8g

지방
0.08g

탄수화물
36.7g

재료 진간장 4, 설탕 2, 흑초(또는 식초) 5, 물 1/2컵, 양파 1개

만드는 법

1 냄비에 분량의 진간장, 설탕, 흑초, 물을 넣고 끓여 식힌다.

2 양파는 껍질을 벗겨 물에 씻은 다음 8등분한다.

3 밀폐용기에 양파를 담고 식힌 국물을 부은 후 뚜껑을 덮어 3~4일 정도 삭힌다. 삭힌 양파 장아찌의 국물만 따라내어 팔팔 끓인 뒤 식혀 다시 양파가 담긴 밀폐용기에 부어서 냉장고에 넣어두었다가 먹는다.

고혈압인을 위한 Cooking Tip
한꺼번에 10개 정도의 양파 장아찌를 담가두고 먹으면 소량을 담글 때보다 더 잘 삭고 맛도 좋다.

총열량
79kcal

염분
0.45g

단백질
6.6g

지방
10.5g

탄수화물
1.4g

두부조림

두부는 완벽한 영양식품으로 열량이 아주 낮아 고혈압 환자의 체중 감량식으로 안성맞춤입니다. 콩은 몸에 좋기는 하나 소화율이 떨어지지만, 두부는 소화 흡수율이 95%나 됩니다. 하지만 수분이 많은 식품이라 쉽게 부패할 수 있으므로 보관에 유의해야 합니다.

재료 두부 1/2모, 들기름 1, 물 1/4컵, 간장 2, 흑설탕 · 고춧가루 · 다진 마늘 0.3씩, 실파 1/2 뿌리

만드는 법
1 두부는 먹기 좋은 크기로 네모지게 썬다.
2 팬에 들기름을 두르고 두부를 넣어 노릇하게 지진다.
3 지진 두부에 물, 간장, 흑설탕, 고춧가루, 다진 마늘을 넣고 두부에 간이 배일 때까지 조린다.
4 접시에 두부를 담고 먹기 직전에 실파를 송송 썰어 두부 위에 뿌린다.

- -
고혈압인을 위한 Cooking Tip
고혈압 환자의 밥상에 두부조림을 올릴 때에는 설탕 대신 흑설탕을, 식용유 대신 들기름을 이용한다.
- -

취나물

참치의 여린 잎인 취나물은 체내 나트륨을 체외로 배출시키는 칼륨을 풍부하게 함유하고 있는 알칼리 식품입니다. 또한 식이섬유가 듬뿍 들어 있어 몸 안의 독소를 배출시키고 혈액순환을 원활하게 하여 고혈압 환자의 반찬으로 제격입니다.

총열량
80kcal

염분
0.22g

단백질
3.3g

지방
6.1g

탄수화물
5.7g

재료 햇취 1+1/2줌, 흑초(또는 식초) 0.3, 다진 파 0.5, 된장 · 고춧가루 0.3씩, 참기름 · 깨소금 약간씩

만드는 법

1 취나물은 끓는 물에 데쳐 미리 받아놓은 찬물에 헹궈 물기를 꼭 짜서 먹기 좋은 크기로 썬다.
2 참기름을 뺀 나머지 양념 재료를 모두 넣어 양념장을 만든다.
3 취나물을 양념장에 조물조물 무치다가 먹기 직전에 참기름을 넣어 가볍게 버무린다.

고혈압인을 위한 Cooking Tip
취나물은 끓는 물에 데쳐 질긴 부분을 골라내고, 무칠 때 식초를 한두 방울 넣으면 부드럽고 상큼하게 먹을 수 있다.

총열량
98kcal

염분
0.874g

단백질
1.3g

지방
0.6g

탄수화물
41.1g

파래무침

파래에는 단백질과 철분이 풍부하여 빈혈 예방에 좋습니다. 파래의 미네랄은 체내 흡수율이 높아 혈압을 조절하는 데 도움이 되며, 풍부한 엽록소는 신진대사를 원활하게 합니다. 비타민 A는 담배의 니코틴을 해독시키는 데 효과적이며 흡연으로 손상된 폐점막을 재생시킵니다.

주재료 파래 · 무채 1/2줌씩, 소금 약간
양념장 재료 설탕 1, 간장 · 흑초(또는 식초) 0.5씩, 다진 마늘 · 다진 파 0.3씩, 통깨 약간
식촛물 재료 식초 3, 설탕 1.5, 물 1

만드는 법

1 파래는 물에 깨끗이 씻어 물기를 꼭 짠다.
2 분량의 재료를 모두 섞어 식촛물을 만들어 무채를 30분 정도 절인다.
3 분량의 재료를 모두 섞어 양념장을 만들어 파래와 무채를 넣고 살짝 버무린다.

고혈압인을 위한 Cooking Tip
파래는 물에 여러 번 헹궈 소금기를 충분히 빼낸다. 또 간장 양을 줄이는 대신 식초를 넉넉하게 넣어 무친다.

청포묵

민간에서 '고혈압에는 녹두물을 삶아 먹으면 좋다' 는 말이 전해질 정도로 청포묵의 재료인 녹두는 혈압 조절에 좋습니다. 녹두는 영양학적으로 필수 아미노산과 불포화지방산이 풍부하며 해독 작용이 뛰어나서 고혈압 환자에게 아주 훌륭한 식품입니다.

총열량
140kcal

염분
0.636g

단백질
7.8g

지방
9g

탄수화물
6.5g

재료 청포묵 1/4모, 황 · 백 지단 약간씩, 참기름 0.3, 간장 · 다진 마늘 · 깨소금 약간씩, 김가루 1/4컵

만드는 법

1 청포묵은 먹기 좋은 크기로 네모지게 썬다.

2 김가루를 뺀 나머지 양념 재료를 모두 섞어 양념장을 만든다.

3 접시에 청포묵을 담고 위에 황 · 백 지단을 올린 후 양념장을 곁들인다.

고혈압인을 위한 Cooking Tip
청포묵을 맛있게 먹으려면 잘게 썰어 전자레인지에 살짝 돌리면 된다. 이렇게 하면 청포묵의 수분이 살짝 빠져 부드러우면서 쫄깃한 맛을 동시에 느낄 수 있다.

매일 반드시 섭취해야 할 영양 간식

균형 잡힌 영양 성분을 섭취하기 위해서는 주식 외에 간식에도 주의가 필요하다. 우유는 부족하기 쉬운 칼슘과 양질의 단백질 공급원이며 과일은 비타민이나 미네랄, 식이섬유가 풍부하므로 매일 거르지 말고 먹어야 한다.

1일 섭취 우유 · 유제품 양

일반 우유	저지방우유	무가당 플레인 요구르트
180㎖ (종이컵 1컵에 약간 못 미치는 분량)	240㎖ (종이컵 1컵과 1/2컵에 약간 못 미치는 분량)	180g (종이컵 1컵에 약간 못 미치는 분량)

1일 섭취 과일의 양

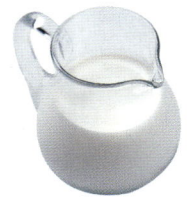

딸기	사과	귤	오렌지
중간 크기 15개	중간 크기 1/2개	중간 크기 2개	중간 크기 1+1/2개
파인애플	바나나	배	복숭아
중간 크기 2/5개	중간 크기 1개	중간 크기 1/2개	중간 크기 1개
포도(거봉)	포도 (델라웨어)	감	키위
8~10알	중간 크기 2/3송이	중간 크기 1개	중간 크기 2+1/2개

이따금씩 맛의 변주도
필요하다!

일품
요리

총열량
248kcal

염분
0.002g

단백질
8.5g

지방
0.9g

탄수화물
49g

보글보글 끓여가며 온 가족이 즐기는
바지락 전골

＊ 영양 성분은 1인분 기준입니다.

바지락에는 필수아미노산이 골고루 함유되어 있으며 철분·코발트 등 조혈성분이 많은 해산물입니다. 특히 간장을 보호하는 필수아미노산인 메티오닌(methionine)이 풍부하여 간장질환이 있는 사람이나 담석증 환자에게 매우 좋아요.

주재료(2인분) 바지락 150g(1+1/2컵), 소금물 3컵(물 3컵+소금 0.3), 물미역 1줌, 실파 4뿌리, 양파 1/2개, 표고버섯 2개, 호박 1/4개, 당근 1/3개, 다시마 멸치국물 3컵, 멸치액젓 1

새알심 재료 찹쌀가루 1/2컵, 마가루·소금 0.3씩, 따뜻한 물 2

만드는 법

1 바지락 해감하기 바지락은 분량의 소금물에 담가 해감한다.

2 새알심 빚기 분량의 새알심 재료를 모두 섞어 반죽해서 지름 2cm 크기로 둥글게 빚는다.

3 재료 손질하기 물미역과 실파는 5cm 길이로 썰고, 양파와 표고버섯은 채썬다. 호박과 당근은 넓적하게 썬다.

4 끓이기 냄비에 물미역, 실파, 양파, 표고버섯, 호박, 당근, 바지락을 돌려 담고 다시마 멸치국물을 부어 끓인다.

5 간하기 국물이 끓어오르면 새알심을 넣고 새알심이 동동 떠오르면 멸치액젓으로 간한다.

고혈압인을 위한 Cooking tip
전골에 새알심을 넣어 먹으면 색다른 맛을 즐길 수 있을 뿐만 아니라 포만감으로 밥을 먹지 않아도 된다.

1

2

3

1 바지락 해감하기
2 새알심 빚기
3 육수 부어 끓이기

총열량 275kcal

염분 0.013g

단백질 6.7g

지방 21g

탄수화물 20g

칼로리 걱정 없이 맛보는 별미

두부소스 단호박찜

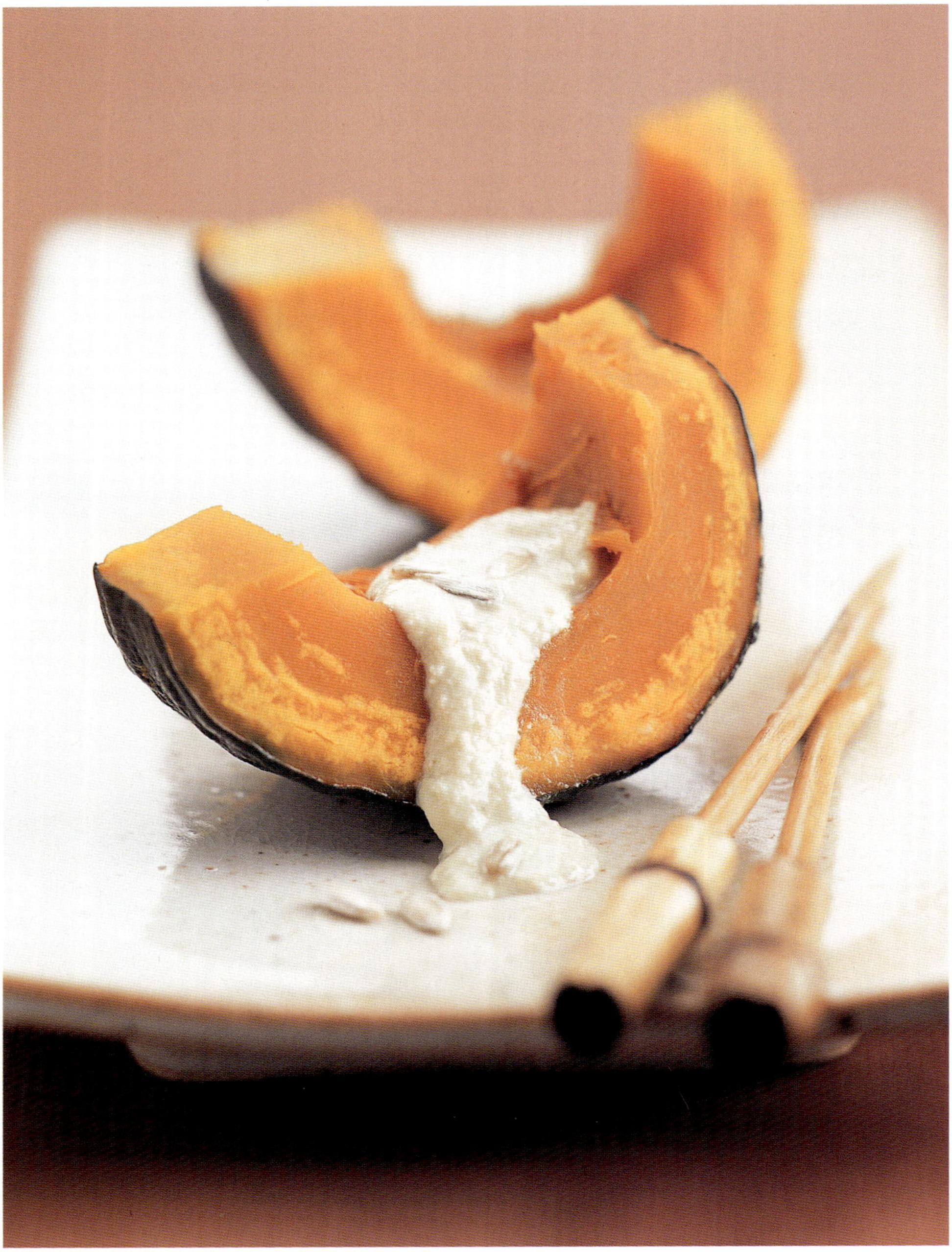

*영양 성분은 1인분 기준입니다.

호박의 당분은 소화 흡수가 잘 되어 위장이 약하거나 회복기 환자에게 권장할 만한 식품입니다. 박과에 속하는 식물 중에서 영양가가 가장 높은데, 비타민 A·B·C를 풍부하게 함유하고 있어요. 단백질과 칼슘이 풍부한 두부를 함께 섭취하면 맛뿐 아니라 영양학적으로도 훌륭한 조화를 이룹니다.

주재료(2인분) 단호박 1/2개
두부소스 재료 두부 1/2모, 흑초(또는 식초) 1, 설탕 0.3, 올리브 오일 2, 셀러리 1줄기, 견과류(호두, 잣, 아몬드, 해바라기씨 등) 1

만드는 법

1 단호박 씨 빼내기 단호박은 4등분한 다음 속의 살이 떨어지지 않게 손으로 살살 씨를 빼낸다.

2 단호박 찌기 단호박을 김이 오른 찜기에 넣어 찐다.

3 두부소스 만들기 믹서에 두부, 흑초, 설탕, 올리브 오일, 셀러리, 견과류를 모두 넣어 간다. 이때 셀러리는 입맛대로 넣는다.

4 접시에 담기 무르게 익은 단호박을 적당한 크기로 썰어 접시에 담고 그 위에 두부소스를 끼얹는다.

5 견과류 뿌리기 단호박 위에 호두, 잣, 해바라기씨 등 좋아하는 견과류를 뿌려 먹는다.

맛있는 단호박 고르는 법
손으로 들어보았을 때 묵직하고 색이 짙으며 윤이 나는 게 상품이다. 잘라서 파는 단호박은 속살이 노랗고 씨가 큰 것을 고른다. 남은 단호박은 3일 이내에 먹을 경우 랩으로 잘 싸서 냉장 보관하고 일주일 이상 보관할 경우에는 씨를 빼내어 랩으로 싸두면 된다.

고혈압인을 위한 Cooking tip
두부소스를 샐러드 드레싱으로 이용하면 부족한 단백질도 보충할 수 있을 뿐만 아니라, 담백하고 고소한 맛도 즐길 수 있다.

1 단호박 씨 빼내기
2 단호박 찌기
3 두부소스 만들기

총열량
156kcal

염분
1.974g

단백질
8.5g

지방
2.4g

탄수화물
29g

배불리 먹어도 살찔 걱정 없는
라이스 페이퍼 롤

*영양 성분은 1인분 기준입니다.

칼로리를 조절해야 하는 고혈압 환자의 경우 배불리 먹고 싶어질 때 저칼로리 다이어 트식인 라이스 페이퍼 롤을 추천합니다. 라이스 페이퍼는 쌀을 곱게 빻아 물을 붓고 반 죽해서 팬에 살짝 구워 딱딱하게 말린 것으로 함지쌈, 넴, 바인차이라고도 불립니다.

주재료(2인분) 표고버섯 2개, 양배추(큰 것) 3장, 느타리버섯 4개, 소금 약간, 미나리 1줌, 소금 약간, 오이 1/4개, 피망 · 붉은 피망 1/2개씩, 소금 0.3, 감자 2개, 소금 · 후 춧가루 약간씩, 라이스 페이퍼 8장, 키위 1개 **겨자소스 재료** 겨자가루 1, 흑초(또는 식초) 2, 간장 1, 물 1.5

만드는 법

1 겨자소스 만들기 겨자가루를 따뜻한 물에 갠 다음 하룻밤 정도 불려 두었다가 나머지 재료를 모두 섞는다.

2 재료 손질하기 표고버섯과 양배추는 물에 씻어 물기를 뺀 다음 채썰 어 기름을 두르지 않은 팬에 넣어 볶는다. 느타리버섯은 끓는 물에 소 금을 약간 넣고 데쳐서 길이로 잘게 찢는다. 미나리도 끓는 물에 소금 을 약간 넣고 데쳐 찬물에 재빨리 헹구어 놓는다. 오이, 피망은 채썰어 약하게 소금 간한다. 감자는 껍질을 벗겨 찐 다음 소금, 후춧가루로 간 하여 준비한 채소와 함께 볼에 담고 겨자소스를 넣어 고루 섞는다.

3 라이스 페이퍼 롤 말기 라이스 페이퍼를 뜨거운 물에 담가 부들부들 해지면 준비한 재료를 올리고 돌돌 말아 그릇에 담는다. 라이스 페이 퍼 위에 키위를 썰어 올린다.

고혈압인을 위한 Cooking tip
라이스 페이퍼에 들어가는 소 재 료는 열량은 적으면서 포만감을 주는 채소, 버섯을 입맛대로 넣 어 먹으면 된다.
라이스 페이퍼는 백화점 식품 매 장에서 구입할 수 있으며 온라인 식재료상 아시아 마트(http:// www.asia-mart.co.kr), 얌 (http://www.yum.co.kr) 등에 서 판매한다.

1 오이, 피망 소금 간하기
2 라이스 페이퍼 불리기
3 라이스 페이퍼 롤 말기

총열량
95kcal

염분
0.425g

단백질
7.6g

지방
8.6g

탄수화물
4.4g

색다른 두부요리가 먹고 싶어질 때
두부버거

*영양 성분은 1인분 기준입니다.

두부에 함유된 불포화지방산인 리놀렌산은 콜레스테롤 수치를 떨어뜨리고 비만, 고혈압, 동맥경화 등 생활습관병을 예방·치료하는 데 탁월한 효능을 지니고 있습니다. 칼슘 함유량도 높아 골다공증 예방식으로도 사랑받고 있는 두부는 하루 반 모 정도 먹으면 됩니다.

주재료(2인분) 두부 1모, 소금 약간

속재료 토마토 1개, 슬라이스 치즈 1장, 샐러드용 채소 적당량, 씨겨자 1

만드는 법

1 두부 손질하기 두부는 1cm 두께로 썰어 소금을 살짝 뿌린다.

2 두부 지지기 두부에 간이 배어 단단해지면 기름을 두르지 않은 팬에 넣어 노릇노릇하게 지진다.

3 재료 손질하기 토마토는 얇게 썰고, 치즈는 반으로 자른다. 샐러드용 채소는 물에 씻어 물기를 쏙 뺀다.

4 버거 만들기 두부에 씨겨자를 바르고 샐러드용 채소와 토마토, 치즈를 올린 후 나머지 두부를 올린다.

- - - - - - - - - - - - - - -
고혈압인을 위한 Cooking tip
두부는 소금을 살짝 뿌린 다음 조리해야 간이 배고 단단해져 모양 잡기에도 좋다.
- - - - - - - - - - - - - - -

1 두부 지지기
2 두부에 씨겨자 바르기
3 두부버거 만들기

총열량 350kcal

염분 1.621g

단백질 7.8g

지방 17g

탄수화물 44g

고기 없이도 입맛 돋우는

애호박 편수

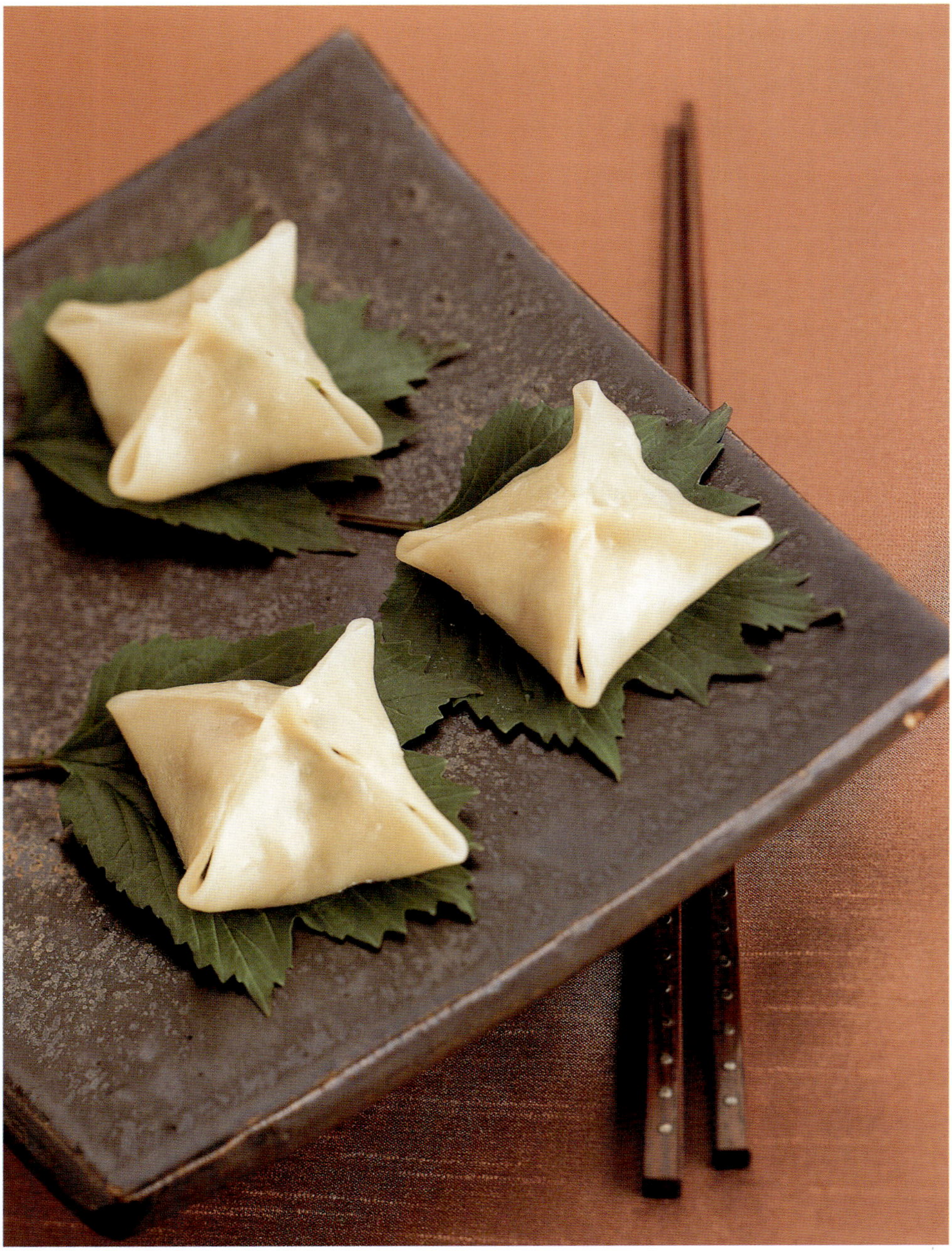

*영양 성분은 1인분 기준입니다.

만두 생각이 간절한 고혈압 환자에게는 애호박 편수가 제격입니다. 애호박은 늙은 호박보다 비타민이 풍부하며 속을 편하게 합니다. 그러나 호박에는 비타민 C를 파괴하는 아스코르비나아제가 함유되어 있으므로 반드시 익혀 먹어야 하며, 풍부한 지용성 베타카로틴을 제대로 섭취하려면 기름에 볶아 먹는 것이 좋습니다.

주재료(2인분) 애호박 3/4개, 소금 약간, 풋고추 2개, 올리브 오일 1, 표고버섯 3개, 진간장 · 참기름 0.3씩, 올리브 오일 · 통깨 · 후춧가루 · 참기름 0.3씩, 밀가루 1컵, 다시마 가루 약간
초간장 재료 집간장 2, 흑초(또는 식초) 1, 물 약간

만드는 법

1 애호박과 풋고추 손질하기 애호박은 곱게 채썬 후 소금에 살짝 절여 물기를 꼭 짠다. 풋고추는 곱게 다져 올리브 오일을 두른 팬에 살짝 볶는다. **2 표고버섯 양념하기** 표고버섯은 채썰어 진간장, 참기름을 넣어 무친다. **3 애호박과 표고버섯 볶기** 팬에 올리브 오일을 두르고 애호박, 표고버섯 순으로 볶는다. **4 재료 버무리기** 호박과 표고버섯, 풋고추가 식으면 한데 섞어 통깨, 후춧가루, 참기름을 넣어 살짝 버무린다. **5 피 만들어 만두 빚기** 밀가루에 다시마 가루를 넣고 따뜻한 물을 부어가며 되직하게 반죽하여 냉장실에 30분간 넣어둔다. 숙성시킨 반죽을 얇고 넓게 밀어 사각형으로 썰고 그 위에 만두소를 얹어 대각선으로 모양을 잡아 빚는다. **6 애호박 편수 찌기** 김이 오른 찜통에 젖은 면보자기를 깔고 만두피만 익을 만큼 살짝 쪄 접시에 담은 다음 분량의 재료를 모두 섞어 초간장을 만들어 곁들인다.

고혈압인을 위한 Cooking tip
만두피를 반죽할 때 짠맛을 지닌 다시마가루를 넣어 반죽하면 소금 사용량을 줄일 수 있다. 또 찜기에 넣어 만두피만 익을 정도로 살짝 쪄 먹어야 애호박 등의 소 재료가 씹히는 질감을 살릴 수 있다.

1 애호박 절이기
2 피 반죽하기
3 애호박 편수 빚기

총열량
334kcal

염분
1.199g

단백질
41g

지방
101g

탄수화물
47g

고기 요리가 사무치게 그리울 때

아롱사태 편육냉채

*영양 성분은 1인분 기준입니다.

쇠고기를 단백질의 영양 창고라 부르는 까닭은 필수아미노산을 풍부하게 함유하고 있기 때문입니다. 특히 성장기 어린이에게 필수성분인 라이신이 8.4%나 함유되어 있습니다. 그러나 비타민 A · C, 섬유질 등이 부족하므로 채소나 과일과 함께 먹는 것이 좋습니다.

주재료(2인분) 쇠고기(아롱사태) 300g, 오이 1/2개, 양파 1/4개, 피망 · 붉은 피망 1/2개씩

육수 재료 대파(잎 부분) 1대, 마늘 2쪽, 생강 1/2톨, 물 10컵, 간장 1

호두소스 재료 올리브 오일 · 쇠고기 삶은 물 2씩, 굵게 다진 호두 · 식초 · 메이플 시럽(또는 꿀) 1씩, 간장 0.5, 소금 · 후춧가루 약간씩

만드는 법

1 쇠고기 삶기 쇠고기는 덩어리째 물에 담가 핏물을 뺀 후 건져서 조리용 실로 감는다. 냄비에 분량의 육수 양념 재료를 모두 넣고 끓여 끓어오르면 쇠고기를 넣고 중간 불로 50분간 푹 삶는다.

2 재료 손질하기 오이는 물에 씻어 동글동글하게 썰고, 양파는 껍질을 벗겨 네모지게 썬다. 피망은 씨를 빼내고 양파와 같은 크기로 썬다.

3 호두소스 만들기 분량의 호두 소스 재료를 모두 섞어 소스를 만든다.

4 접시에 담기 삶은 쇠고기를 건져서 얇게 썰어 접시에 돌려 담고 준비한 채소를 얹은 후, 호두소스를 끼얹는다.

고혈압인을 위한 Cooking tip
아롱사태는 힘줄이 많고 질긴 부위이지만, 오랜 시간 가열하면 연해지며 풍미가 살아난다. 남은 쇠고기는 한 끼 분량으로 자른 다음 식용유를 살짝 발라 냉동실에 넣어두면 된다.

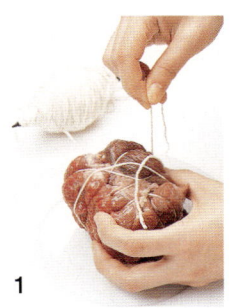

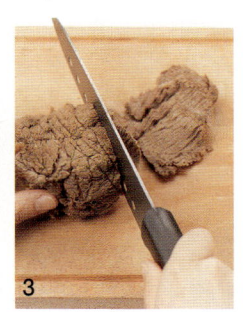

1 조리용 실로 쇠고기 감기
2 쇠고기 육수 내기
3 쇠고기 얇게 썰기

총열량
127kcal

염분
0.359g

단백질
4g

지방
0.3g

탄수화물
27g

혈압을 쓱 내리는 특별한 별미
생감자 샐러드

＊영양 성분은 1인분 기준입니다.

감자에 풍부한 칼륨은 체내에 넘쳐나는 나트륨을 배출시켜 고혈압을 예방·치료합니다. 또 감자는 칼로리가 비교적 낮으며 소화기관을 튼튼하게 해주어 위궤양 치료에도 효과적입니다. 모든 필수아미노산을 골고루 함유하고 있지만, 메티오닌의 양이 적은 편이라 우유나 치즈와 곁들여 먹으면 영양 효율을 높일 수 있습니다.

주재료(2인분) 감자(중간 것) 2개, 양상추(큰 잎) 3장, 당근·오이 1/3개씩
드레싱 재료 흑초(또는 식초)·꿀·생수 2씩, 소금 0.3

만드는 법

1 감자 손질하기 감자는 껍질을 벗기고 곱게 채썰어 흐르는 물에 여러 번 헹구어 녹말기를 빼내고, 10분 정도 찬물에 담가 아삭함을 살린다.

2 채소 손질하기 양상추는 먹기 좋은 크기로 찢고, 오이는 물에 씻어 껍질째 채썬다. 당근은 껍질을 벗겨 곱게 채썰어 오이와 함께 찬물에 담가둔다.

3 드레싱 만들기 분량의 드레싱 재료를 모두 섞은 후 냉장실에 넣어둔다.

4 접시에 담기 물에 담가둔 채소를 건져 물기를 뺀 다음 접시에 담고 먹기 직전에 드레싱을 뿌린다.

맛있는 감자 고르는 법
껍질이 얇고 움푹 파인 자국이 깊지 않은 것으로 골라야 한다.

- - - - - - - - - - - - - - - -
고혈압인을 위한 Cooking tip
감자채와 채소는 물기를 쏙 빼야 드레싱과 어우러져 제 맛을 살릴 수 있다.
- - - - - - - - - - - - - - - -

1 찬물에 감자채 담그기
2 당근·오이채 찬물에 담그기
3 채소 물기 빼기

총열량
459kcal

염분
0.544g

단백질
6.7g

지방
10g

탄수화물
79g

금세 뚝딱! 외식 생각 안 나는
패주덮밥

*영양 성분은 1인분 기준입니다.

키조개의 얇은 껍데기 안에서 껍질을 여닫는 근육 부분인 패주(貝柱). 필수 아미노산과 철분이 많아 동맥경화와 빈혈에 좋습니다. 또 깊은 바다에 잠수부가 들어 가 하나하나 손으로 따낸 100% 자연산이어서 믿고 먹을 수 있어요.

주재료(2인분) 패주 4개, 올리브 오일 1, 아스파라거스 4개, 올리브 오일 0.3, 밥 2공기

데리야키 소스 재료 청주 2, 맛술 · 간장 1씩, 꿀 1+1/2

만드는 법

1 소스 만들기 분량의 데리야키 소스 재료를 모두 섞어 소스를 만든다.

2 패주 조리기 패주는 물에 씻어 면보자기로 물기를 닦아내고 데리야키소스에 2시간 동안 재운다. 달군 팬에 올리브 오일을 두르고 강한 불에 패주를 굽는다. 남은 데리야키 소스를 마저 붓고 약한 불로 뭉근하게 졸인다.

3 패주 썰기 패주에 데리야키 소스 간이 배면 식혀 도톰한 두께로 모양을 살려 썬다.

4 아스파라거스 굽기 다른 팬에 올리브 오일을 두르고 아스파라거스를 넣어 겉만 살짝 익힌다.

5 접시에 담기 접시에 밥을 담고 패주와 아스파라거스를 얹는다.

고혈압인을 위한 Cooking tip
패주는 모양대로 둥글게 썰어야 질기지 않고 너무 오래 익히면 질겨지므로 살짝만 익혀 먹는다. 데리야키 소스는 덮밥 외에 꼬치구이, 생선구이나 조림, 볶음 요리에 사용하면 감칠맛을 낸다.

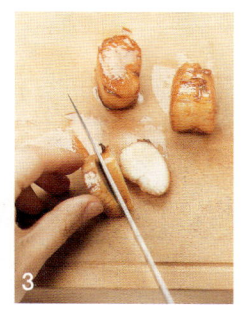

1 패주의 물기 닦기
2 양념에 재우기
3 도톰한 크기로 썰기

총열량
222kcal

염분
1.3g

단백질
41g

지방
3g

탄수화물
5.3g

입맛 없을 때 식욕 돋우는
어선

＊영양 성분은 1인분 기준입니다.

예로부터 '맛좋기는 청어, 많이 먹기는 명태'라는 말이 전해질 만큼 명태는 한국인에게 친숙한 생선입니다. 말리거나 얼리지 않은 명태인 생태는 기름기가 적어 비린내가 없는 담백한 생선으로, 완전 단백질로 체조직을 구성합니다.

주재료(2인분) 생태 1마리, 청주 0.3, 소금 · 후춧가루 약간씩, 표고버섯 1개, 느타리버섯 1/2줌

초간장 재료 간장 1, 설탕 · 맛술 · 흑초(또는 식초) 0.3씩, 다진 붉은 고추 1/2개분

만드는 법

1 생태 손질하기 생태는 머리와 꼬리, 지느러미를 자르고 내장을 빼낸 후 물에 씻는다. 키친타월로 생태에 남은 물기를 없애고, 뼈를 중심으로 양쪽 살을 발라내고 껍질을 벗긴 후 살을 곱게 다진다. 다진 생태에 청주, 소금, 후춧가루를 뿌린다.

2 버섯 손질하기 표고버섯과 느타리버섯은 물에 씻어 물기를 쏙 빼고 곱게 다진다.

3 생태살 말기 도마 위에 랩을 깐 다음 생태살을 펼쳐놓고 그 위에 버섯을 얹어 김밥 말듯 돌돌 만다. 이때 재료를 손으로 꼭꼭 눌러야 쪘을 때 모양이 흐트러지지 않는다.

4 어선 찌기 김이 오른 찜통에 생태살을 넣어 10분 정도 찐다.

5 초간장 만들기 분량의 재료를 모두 섞어 초간장을 만든다.

6 접시에 담기 생태살이 식으면 한입 크기로 썰어 접시에 담고 초간장을 곁들인다.

고혈압인을 위한 Cooking tip
생태의 제철은 겨울이므로 다른 계절에는 생태 대신 대구, 넙치 등 제철 흰살 생선을 이용한다.

1 생태살 다지기
2 생태살 말기
3 어선 썰기

총열량
535kcal

염분
1.480g

단백질
20g

지방
25g

탄수화물
62g

라면 생각 잠재우는
잣 두유국수

*영양 성분은 1인분 기준입니다.

잣은 자양강장제 역할을 하는 우수한 지질인 올레산(oleic acid), 리놀산(linoleic acid)을 함유하고 있는데, 이들은 불포화지방산으로 구성되어 혈압을 내리며 스태미나에 도움을 주는 것으로 알려져 있습니다. 또 호두나 땅콩보다 많은 철분을 함유한 빈혈에 좋은 식품이지만, 인이 많고 칼슘이 적어 우유 등 칼슘이 풍부한 식품과 함께 먹는 것이 좋습니다.

주재료(2인분) 오이 1/4개, 배 1/6개, 방울 토마토 1개, 국수 1줌, 소금 약간
잣국물 재료 두유 1컵, 우유 · 잣 1/2컵씩

만드는 법

1 잣국물 만들기 분량의 잣국물 재료를 믹서에 넣어 곱게 갈아 냉장실에 넣어둔다.

2 재료 손질하기 오이는 물에 씻어 껍질째 곱게 채썰고, 배는 껍질을 벗겨 채썬다. 방울 토마토는 물에 씻은 다음 꼭지를 떼고 반으로 자른다.

3 국수 삶기 국수는 끓는 물에 삶아 찬물에 여러 번 헹군 다음 사리를 지어둔다. 국수를 쫄깃하게 삶으려면 끓는 물에 국수를 넣자마자 젓가락으로 휘저어 국수끼리 뭉치거나 냄비 바닥에 눌어붙지 않게 한다. 또 우르르 끓어오르면 찬물 1컵을 부어 다시 끓인다. 이렇게 해야 국수 속까지 잘 익고 면발도 쫄깃하다.

4 그릇에 담기 접시에 국수를 담고 오이와 배, 방울 토마토를 얹은 후 잣국물을 붓고 먹기 직전에 소금 간한다.

고혈압인을 위한 Cooking tip
잣국물은 천사채나 실곤약에 부어 먹으면 저칼로리의 다이어트 식단으로 효과 만점이다.

1 잣국물 만들기
2 찬물에 국수 헹구기
3 잣국물에 소금 간하기

보약만큼이나 고혈압에 좋은 건강 한방차

고혈압 환자들이 스트레스를 받으면 불에 기름을 붓는 것이나 다름없다. 혈관이 많이 손상되어 있는 고혈압 환자들에게 스트레스는 혈압을 치솟게 하는 요인이 된다. 따라서 고혈압 환자들은 열을 식혀주고 소변을 통해 몸 밖으로 배출시켜주는 작용을 하는 한방차를 꾸준히 마시면 혈압을 안정시키는 데 도움이 된다.

솔잎차 솔잎에는 혈관벽을 튼튼하게 하는 성분이 있어 뇌졸중을 예방한다. 솔잎 1줌을 물에 깨끗이 씻은 다음 7~8컵의 물을 넣고 20분 정도 뭉근한 불에 끓여 우러난 물을 마셔도 좋고, 시중에 나와 있는 솔잎 진액을 물에 타서 마셔도 좋다.

숙지황차 생지황을 아홉 번 쪄 그늘에 말린 것을 숙지황이라고 하는데 혈압을 강하시키는 효과가 있다. 숙지황과 물의 비율을 1:5로 잡아 20분 이상 끓여 차처럼 마시면 좋다. 단, 숙지황차는 뚝배기에 끓여야 한다.

두충차 고혈압 환자에게 변비는 달갑지 않은 질환이다. 변비 해소에는 두충이 효과적이다. 두충을 물에 씻은 다음 주전자에 넣고 두충과 물의 비율을 1:5로 잡아 20분 이상 은근하게 끓여서 차처럼 마시면 된다. 이때 이뇨 작용에 좋은 뽕잎을 1~2숟가락 정도 함께 넣고 끓여도 좋다.

솔잎차   숙지황차   두충차   석곡차

 **석곡차** 석곡은 예로부터 말려 차로 마시면 오래 산다고 알려진 약재로 홍콩에서는 고급차로 대접받는다. 열을 내리고 진액을 생성하며 허혈을 방지하는 효과가 있다. 석곡 반컵에 물 5컵을 넣고 약한 불에 15분 정도 끓여 마시면 된다.

 **녹두차** 녹두는 몸 안의 독소를 제거하고 열을 몸 밖으로 빼내는 작용을 한다. 녹두 반컵과 감초 2~3개를 물에 깨끗이 씻어 먼지를 제거한 다음, 주전자에 넣고 7~8컵의 물을 부어 20분 이상 달여 우러난 물을 하루 몇 차례씩 나누어 마신다.

 **당귀차** 당귀는 혈액순환을 원활하게 해주는 효과가 크기 때문에 중풍 예방에 효과적이다. 한약건재상에서 깨끗하고 덩어리가 크면서 향이 좋은 당귀 1~2개를 골라 주전자에 8~10컵의 물을 넣고 20분 이상 우러난 물을 마시면 된다.

 **포공영차** 포공영(葡公英)은 민들레꽃을 말린 약재로 혈관 내 콜레스테롤을 제거하고 피를 맑게 한다. 주전자에 포공영 1/3컵, 감초 1개를 넣은 다음 5~6컵의 물을 붓고 15~20분 정도 끓여 나눠 마신다.

 **감잎차** 감잎은 비타민 C가 풍부해 혈관을 강화시켜주고 체내 지방을 분해하는 작용이 있다. 주전자에 감잎 반컵, 6~7컵의 물을 붓고 15분 정도 끓여 매일 마신다.

녹두차　　당귀차　　포공영차　　감잎차

도움을 주신 분들(도예가 & 도자기 숍)

고희숙, 이정석(031–763–6380), 김지영(016–231–2272)
라기환(016–369–5621), 박은미(031–638–0888), 배소연(017–245–7051)
이택민(011–896–0913), 임의섭(019–680–9962), 신아래(031–631–7590)

4주간의 음식치료
고혈압
4week Food Therapy

1판 1쇄 발행 2006년 9월 8일
1판 6쇄 발행 2012년 5월 9일

지은이 김연수

발행인 양원석
총편집인 이헌상
편집장 송명주
책임편집 송병규
해외저작권 정주이
제작 문태일, 김수진
영업마케팅 김경만, 임충진, 곽희은, 주상우, 장현기, 이수민,
　　　　　　김혜연, 권민혁, 임우열, 송기현, 우지연

요리 진행&스타일링 양은숙
푸드 스타일링 어시스트 최지영
사진 STONE STUDIO
디자인 All Design
일러스트 김효진
교정 하혜숙

펴낸 곳 ㈜알에이치코리아
주소 서울시 금천구 가산동 345-90 한라시그마밸리 20층
편집문의 02-6443-8857　**구입문의** 02-6443-8838
홈페이지 www.randombooks.co.kr
등록 2004년 1월 15일 제2-3726호

ISBN 978-89-255-0082-5 14590
　　　978-89-255-0081-2 (세트)

RHK 는 랜덤하우스코리아의 새 이름입니다. 더 유익한 콘텐츠로 여러분과 함께하겠습니다.